うんこドリル

東京大学との共同研究で学力向上・学習意欲向上が実証されました！

① 学習効果UP!

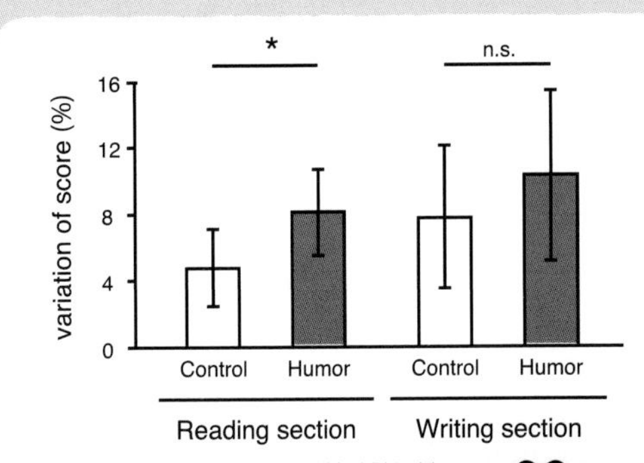

※「うんこドリル」とうんこではないドリルの、正答率の上昇を示したもの。
Control＝うんこではないドリル ／ Humor＝うんこドリル
Reading section＝読み問題 ／ Writing section＝書き問題

オレンジのグラフがうんこドリルの学習効果なのじゃ！

うんこドリルで学習した場合の成績の上昇率は、うんこではないドリルで学習した場合と比較して約60％高いという結果になったのじゃ！

② 学習意欲UP!

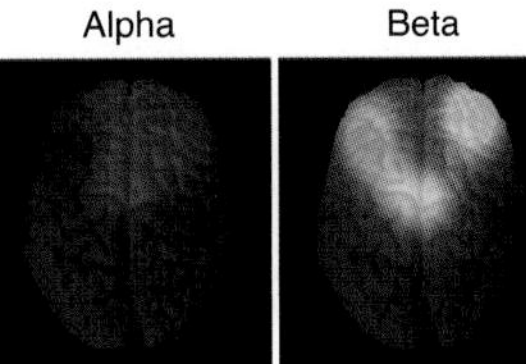

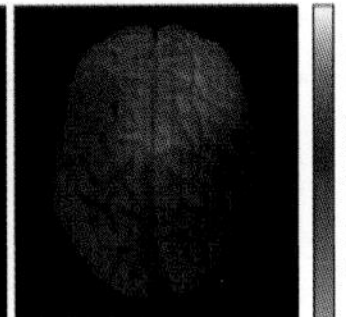

※「うんこドリル」とうんこではないドリルの閲覧時の、脳領域の活動の違いをカラーマップで表したもの。左から「アルファ波」「ベータ波」「スローガンマ波」。明るい部分ほど、うんこドリル閲覧時における脳波の動きが大きかった。

明るくなっているところが、うんこドリルが優位に働いたところなのじゃ！

うんこドリルで学習した場合「記憶の定着」に効果的であることが確認されたのじゃ！

共同研究　東京大学薬学部　池谷裕二教授

1998年に東京大学にて薬学博士号を取得。2002〜2005年にコロンビア大学（米ニューヨーク）に留学をはさみ、2014年より現職。専門分野は神経生理学で、脳の健康について探究している。また、2018年よりERATO脳AI融合プロジェクトの代表を務め、AIチップの脳移植による新たな知能の開拓を目指している。
文部科学大臣表彰 若手科学者賞（2008年）、日本学術振興会賞（2013年）、日本学士院学術奨励賞（2013年）などを受賞。
著書：『海馬』『記憶力を強くする』『進化しすぎた脳』
論文：Science 304:559、2004、同誌 311:599、2011、同誌 335:353、2012

先生のコメントはウラへ ➡

考察　**池谷裕二教授より**

教育において、ユーモアは児童・生徒を学習内容に注目させるために広く用いられます。先行研究によれば、ユーモアを含む教材では、ユーモアのない教材を用いたときよりも学習成績が高くなる傾向があることが示されていました。これらの結果は、ユーモアによって児童・生徒の注意力がより強く喚起されることで生じたものと考えられますが、ユーモアと注意力の関係を示す直接的な証拠は示されてきませんでした。そこで本研究では９〜10歳の子どもを対象に、電気生理学的アプローチを用いて、ユーモアが注意力に及ぼす影響を評価することとしました。

本研究では、ユーモアが脳波と記憶に及ぼす影響を統合的に検討しました。心理学の分野では、ユーモアが学習促進に役立つことが提唱されていますが、ユーモアが学習における集中力にどのような影響を与え、学習を促すのかについてはほとんど知られていません。しかし、記憶のエンコーディングにおいて遅いγ帯域の脳波が増加することが報告されていることと、今回我々が示した結果から、ユーモアは遅いγ波を増強することで学習促進に有用であることが示唆されます。
さらに、ユーモア刺激によるβ波強度の増加も観察されました。β波の活動は視覚的注意と関連していることが知られていること、集中力の程度は体の動きで評価できることから、本研究の結果からは、ユーモアがβ波強度の増加を介して集中度を高めている可能性が考えられます。

これらの結果は、ユーモアが学習に良い影響を与えるという instructional humor processing theory を支持するものです。

※ J. Neuronet., 1028:1-13, 2020　http://neuronet.jp/jneuronet/007.pdf

東京大学薬学部　池谷裕二教授

もくじ

もらった うんこ
～ふえると いくつ～

けんすけくんは，うんこを　5こ　もって　いえを
出(で)ました。とちゅうで，やおやの　おじさんから　うんこを
2こ　もらって　学校(がっこう)に　つきました。

シール

やおやの　おじさんから
もらった　うんこを
かばんに　入(い)れましょう。

→ もらった かずだけ [ ] に
うんこシール(しいる)を はりましょう。

2

けんすけくんの　かばんの　中の　うんこは，
ぜんぶで　なんこに　なりましたか。

ずを 見て しきと こたえを かんがえるのじゃ！

に　かずを　かいて　こたえを　もとめましょう。

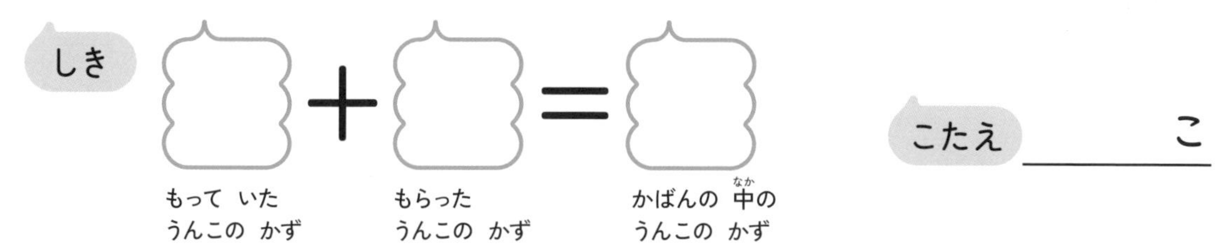

3

かばんに　うんこを　7こ
入れて　学校に　いくと，きのう
わすれて　いった　うんこが
1こ，つくえの　中に　入って
いました。うんこは　ぜんぶで
なんこに　なりましたか。

に　かずを　かいて　こたえを　もとめましょう。

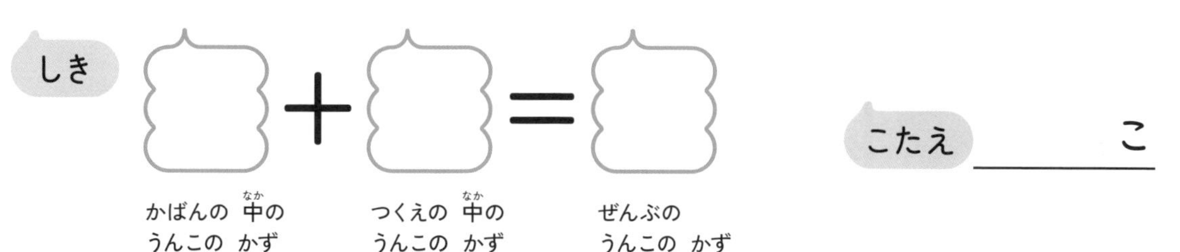

さんすうポイント｜かずが ふえる ときは，たしざんで けいさんする。

つぎは　かくにんもんだいに
ちょうせんしよう！

1

かくにんもんだい

がんばったね シールを はって もらおう。

1 うんこを　2こ　もって　プール（ぷうる）に
むかいました。とちゅうで　だがしやの
おじさんが　うんこを　3こ　くれました。
うんこは　ぜんぶで　なんこに
なりましたか。

しき　2 ＋ 3 ＝

こたえ ＿＿＿＿ こ

2 うんこを　6こ　もって　こうえんに
あそびに　いきました。とちゅうで
おまわりさんが　うんこを　2こ
くれました。うんこは　ぜんぶで
なんこに　なりましたか。

しき　 ＋ ＝

こたえ ＿＿＿＿ こ

3 うんこを　1こ　もって　さんぽに
いきました。とちゅうで　花（はな）やの
おばさんが　うんこを　8こ
くれました。うんこは　ぜんぶで
なんこに　なりましたか。

しき

こたえ ＿＿＿＿ こ

れんしゅうもんだい

1 うんこに　えんぴつが　2ほん　ささって　います。おとうさんが　さらに　7ほん　さしました。うんこに　ささって　いる　えんぴつは，ぜんぶで　なんぼんに　なりましたか。

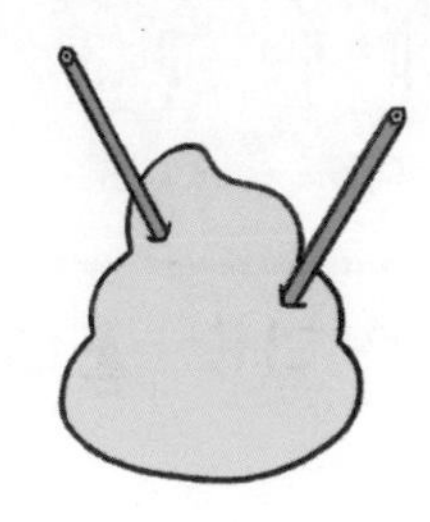

しき

こたえ ＿＿＿＿ ほん

2 ライオン（らいおん）が　4とう　あつまって　うんこを　して　います。
5とう　ふえました。ライオンは　ぜんぶで　なんとうに　なりましたか。

しき

こたえ ＿＿＿＿ とう

3 すなばに　うんこが　5こ　ありました。校長先生（こうちょうせんせい）が　きて，うんこを　3こ　しました。うんこは　ぜんぶで　なんこに　なりましたか。

しき

こたえ ＿＿＿＿ こ

キューティーうんこコンテスト
～あわせて いくつ～

学校で いちばん かわいい うんこを きめる 大かい「キューティーうんこコンテスト」が ひらかれました。

「キューティー」は，「かわいい」と いう いみだぞい。

コンテストに 出た 子どもは，男の子が 4にん，女の子が 3にんでした。

男の子 4にん

女の子 3にん

1

コンテストに　出た　子どもは，あわせて

なんにんですか。

に　かずを　かいて　こたえを　もとめましょう。

しき　□＋□＝□

男の子の　かず　女の子の　かず　子どもの　かず

こたえ　＿＿＿にん

2

コンテストには，7にんの　子どもだけでは　なく，

3にんの　先生も　出ました。

コンテストに　出たのは，あわせて　なんにんですか。

に　かずを　かいて　こたえを　もとめましょう。

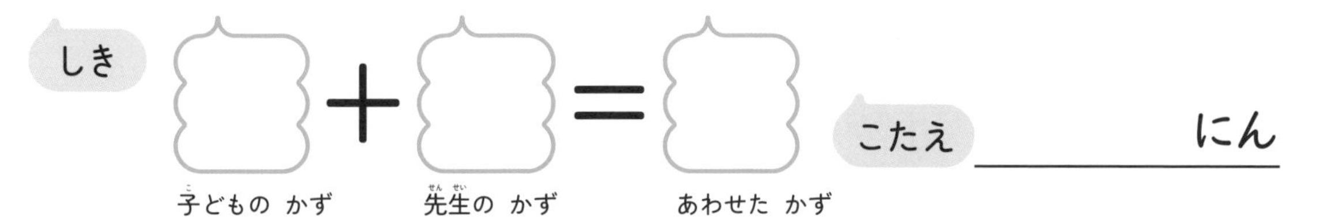

つぎは，おはなしが　もっと　たのしく　なる「スーパーうんこもんだい」じゃ。
ヒントを　よく　見て　こたえて　くれい！

スーパーうんこもんだい

シール

ゆうしょうしたのは
右の　うんこだよ！
だれの　うんこかな？
あう　かおの
シールを　はろう！

ヒント　かおの　かたちを　よく　見よう。

さんすうポイント　かずを　あわせる　ときは，たしざんで　けいさんする。

かくにんもんだい

1 「さわやかなうんこコンテスト」に，男の子が　5にん，女の子が　4にん出ました。コンテストに　出たのは，あわせて　なんにんですか。

しき

こたえ
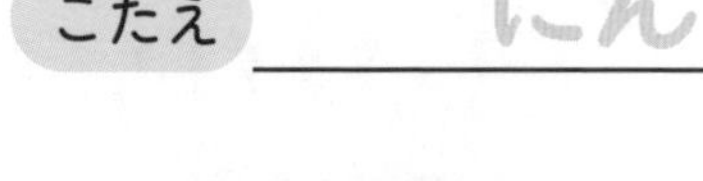

2 「かっこいいうんこコンテスト」に，男の子が　6にん，女の子が　3にん　出ました。コンテストに　出たのは，あわせて　なんにんですか。

しき

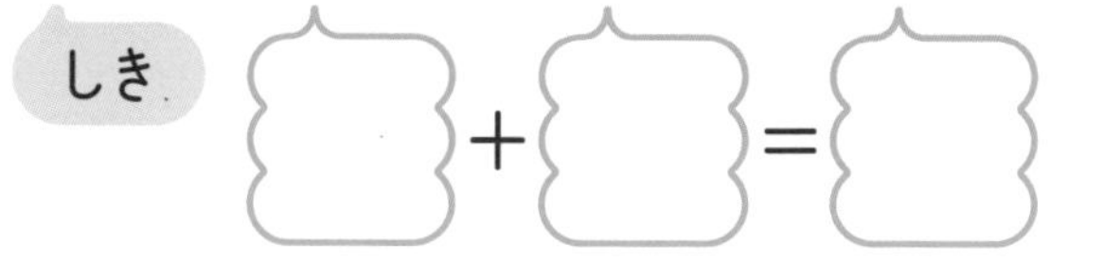

こたえ　　　　にん

3 「カラフルうんこコンテスト」に，男の子が　4にん，女の子が　6にん　出ました。コンテストに　出たのは，あわせて　なんにんですか。

しき

こたえ　　　　にん

れんしゅうもんだい

1 ランドセルに　5こ，手さげぶくろに
2この　うんこが　入って　います。
あわせて　なんこの　うんこが　入って
いますか。

しき

こたえ ＿＿＿＿ こ

2 エレベーターに，うんこを　もらして
いる　人が　3にん，もらして　いない
人が　6にん　のって　います。
エレベーターに　のって　いる　人は，
みんなで　なんにんですか。

しき

こたえ ＿＿＿＿ にん

3 ぼくは，うんこを　ぶら下げた
ふうせんを　9こ　とばしました。
おとうとは，1こ　とばしました。
あわせて　なんこの　ふうせんを　とばしましたか。

しき

こたえ ＿＿＿＿ こ

運駒はかせと ウンコムシ

～のこりは いくつ～

運駒 三礼次郎はかせ

ウンコムシの けんきゅうを して いる はかせ。

ウンコムシ

うんこに そっくりの ふしぎな 生きもの。

ある 日，運駒 三礼次郎はかせは ウンコムシを さがす ために，森の 中へ 入って いきました。

そして その 日の よる。

ウンコムシを たくさん つかまえた 運駒はかせが，森から もどって きました。

1 運駒(うんこま)はかせが　つかまえた　中(なか)に、ウンコムシでは　ない　虫(むし)も　まじって　います。

下(した)の　えを　見(み)て　かぞえましょう。

（1）ウンコムシは，なんびき　いますか。

こたえ ＿＿＿＿ ひき

（2）ウンコムシでは　ない　虫(むし)は，なんびき　いますか。

こたえ ＿＿＿＿ びき

2 7ひきの　ウンコムシの　うち，4ひきが　いなく なりました。のこりは　なんびきに　なりましたか。

4ひき いなく　なると…？

しきを　かいて　こたえを　もとめましょう。

しき

こたえ ＿＿＿＿ びき

つぎの　ページ(ぺえじ)で　ウンコムシに　ついて　くわしく　おしえるぞい！

さんすうポイント｜のこりの　かずを　もとめる　ときは，ひきざんで　けいさんする。

3

ウンコムシの ことなら なんでも しって いる 運駒 三礼次郎はかせに，ウンコムシって どんな 生きものなのかを おしえて もらおう！

ウンコムシの
とくちょう

ものまね名人

ウンコムシは，じぶんの 目で 見た
うごきを，そっくり ものまねする
ことが できるんだ。

ウンコムシの
とくちょう

カラフルで おしゃれ

みどり，くろ，赤，白などの
ウンコムシが おおいけれど，
そのほかにも めずらしい いろの
ウンコムシが いるんだ。

ウンコムシの
とくちょう

※むれを なす

とりや さかな，こん虫などは，
おおくの かずで むれを
つくるよね。
ウンコムシも むれを つくるけれど，
かぞえきれない ほど
たくさん いるんだよ。

※むれ…1つの ところに おおくの ものが
あつまって いる ようす。

ウンコムシの
とくちょう

どんな ところでも 生きて いける

あつい さばくや
ふかい うみの そこなど，ふつうの
生きものでは くらせない
ばしょでも，ウンコムシなら
大じょうぶ。
月や 火せい，うちゅうでも
ウンコムシは 見つかって いるんだ。

ウンコムシの
とくちょう

大こうぶつは ゆでたまご

ウンコムシを つかまえるには，ゆでたまごを えさに するのが いちばん。
だけど，ちゅういぶかい 生きものだから，なかなか ちかづいて こないかも。

かくにんもんだい

1 ウンコムシを　8ひき　もらいました。その　うち，3びきを　ともだちに　あげました。のこりは　なんびきに　なりましたか。

しき

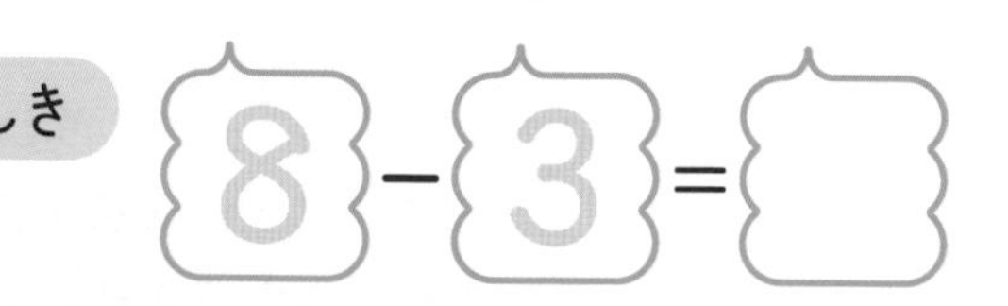

こたえ

2 水そうに，ウンコムシを　9ひき　入れて　ねました。あさ　おきると，5ひきが　にげて　いなく　なって　いました。水そうに　いる　ウンコムシは　なんびきですか。

しき

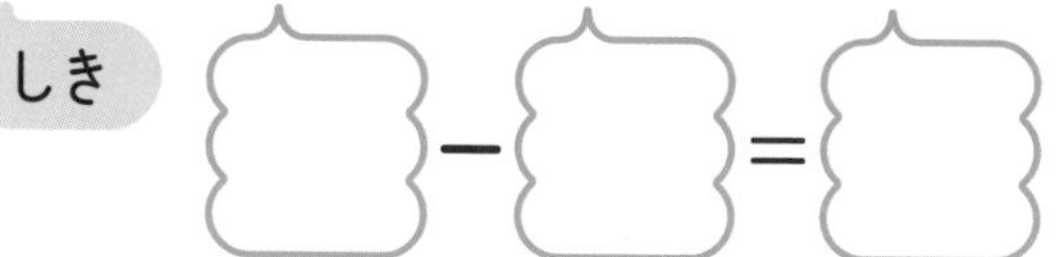

こたえ

3 つくえの　上に　ウンコムシの　うんこを　6こ　ならべました。2こが　ゆかに　おちて　しまいました。つくえの　上に，ウンコムシの　うんこは　なんこ　のこって　いますか。

しき

こたえ　こ

れんしゅうもんだい

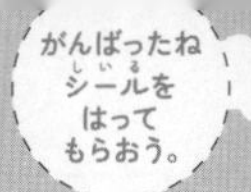

1 先生(せんせい)が　うんこを　6こ　ならべて，つぎつぎに　シュート(しゅうと)を　して　います。いま，3こ　シュートしました。
まだ　シュートして　いない　うんこは　なんこですか。

しき

こたえ ＿＿＿＿こ

2 じてん車(しゃ)の　かごに　うんこを　7こ　入(い)れて　こうえんに　いきました。
とちゅうで　6こ　おとしました。
かごの　中(なか)に　うんこは　なんこ　のこって　いますか。

しき

こたえ ＿＿＿＿こ

3 大(おお)きな　うんこが　たおれそうなので，9にんで　ささえて　います。しかし，6にんが　にげて　しまいました。あと　なんにん　のこって　いますか。

しき

こたえ ＿＿＿＿にん

4 おじいちゃんの お年玉(としだま)

～ちがいは いくつ～

おじいちゃんが，ぼくと　おにいちゃんに　お年玉(としだま)を くれました。

おにいちゃんの　お年玉(としだま)ぶくろには　7こ，ぼくの お年玉(としだま)ぶくろには　5この　うんこが　入(はい)って　いました。

1　ぼくが　おじいちゃんから　もらった　うんこは なんこですか。

うんこに　いろを　ぬりましょう。

おにいちゃん　…　7こ

ぼく　…　□こ

2 おにいちゃんと　ぼくでは，どちらが うんこを　おおく　もらいましたか。

どちらかの　かおを　○(まる)で　かこみましょう。

（  ・  ）

おにいちゃん　　ぼく

3 おにいちゃんと　ぼくが　もらった　うんこの かずの　ちがいは　なんこですか。

しきを　かいて　こたえを　もとめましょう。

しき

こたえ ＿＿＿＿ こ

スーパーうんこもんだい

おじいちゃんが　いつも　はいて　いる パンツ(ぱんつ)は，どちらかな？ ○(まる)で　かこもう！

ヒント おじいちゃんは　かわいい　パンツが　大(だい)すきなんだ！

あ まっ白(しろ)の パンツ

い いちごの パンツ

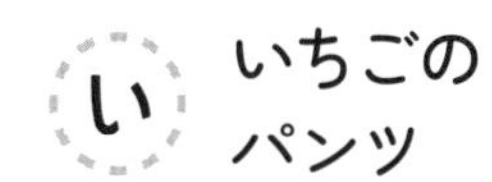

さんすうポイント｜かずの ちがいを もとめる ときは，ひきざんで けいさんする。

4

かくにんもんだい

がんばったね シールを はって もらおう。

1 けんすけくんが　5こ，こういちくんが
3この　うんこを　もらいました。
けんすけくんと　こういちくんが
もらった　うんこの　かずの　ちがいは
なんこですか。

しき　5 － 3 ＝

こたえ　＿＿＿＿こ

2 ひなちゃんが　8こ，かおりちゃんが
2この　うんこを　見つけました。
ひなちゃんは　かおりちゃんより
なんこ　おおく　見つけましたか。

しき　 － ＝

こたえ　＿＿＿＿こ

3 たんにんの　先生が　2こ，校長先生が
3この　うんこを　ひろいました。
校長先生は　たんにんの　先生より
なんこ　おおく　ひろいましたか。

しき

こたえ　＿＿＿＿こ

れんしゅうもんだい

1 右手（みぎて）に　5こ，左手（ひだりて）に　4この　うんこを のせて　みました。右手（みぎて）と　左手（ひだりて）に のせた　うんこの　かずの　ちがいは なんこですか。

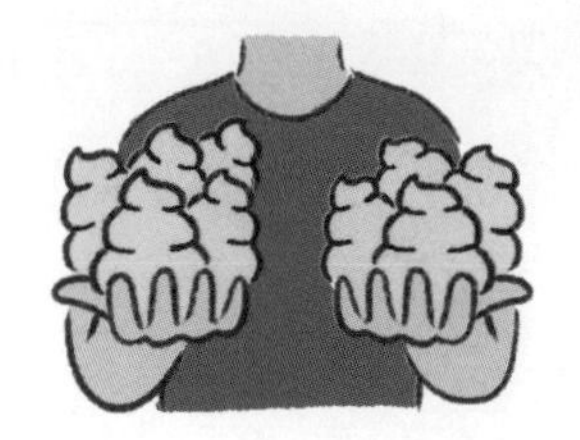

しき

こたえ ＿＿＿＿こ

2 うんこの　しゃしんが　8まい，にじの しゃしんが　4まい　あります。 うんこの　しゃしんと　にじの しゃしんの　かずの ちがいは　なんまいですか。

しき

こたえ ＿＿＿＿まい

3 うんこを　あたまに　のせた　おじさんが 8にん　います。うんこを　かたに のせた　おじさんが　5にん　います。 うんこを　あたまに　のせた　おじさんは， うんこを　かたに　のせた　おじさんより なんにん　おおいですか。

しき

こたえ ＿＿＿＿にん

うんこキャッチたいけつ
～どちらが おおい～

うんこが　雨のように　ふって　きました。

おとうさん

どちらが　たくさん　うんこを
キャッチできるか　しょうぶしない？

いいわね！

おかあさん

2人は　そとに　出て　いき，せんめんきで
うんこを　キャッチしました。

おとうさんの　せんめんきには　3こ，おかあさんの
せんめんきには　8この　うんこが　入りました。

1 おとうさんと　おかあさんが　キャッチした かずだけ，うんこに　いろを　ぬりましょう。

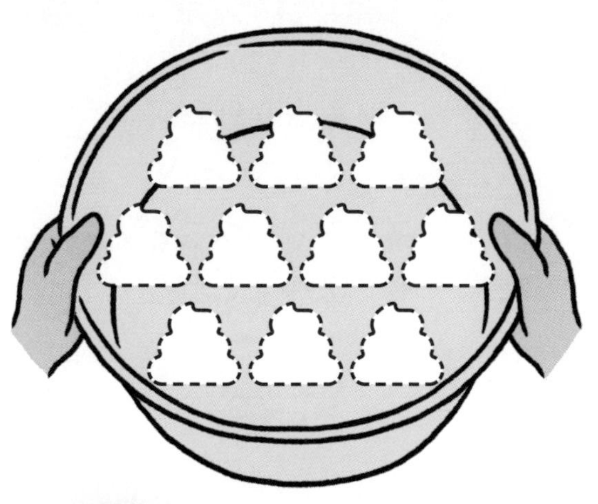

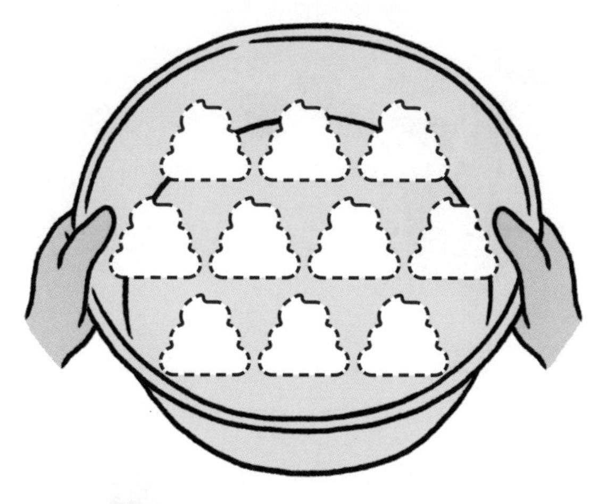

2 おとうさんと　おかあさんでは，キャッチした うんこの　かずは　どちらが　なんこ　おおいですか。

しきを　かいて　こたえを　もとめましょう。

しき

こたえ ＿＿＿＿＿＿＿＿＿が＿＿＿こ　おおい。

おおい ほうは どっちだった かのう？

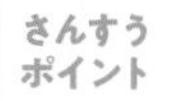

ひきざんで，どちらが どれだけ おおいかが わかる。

かくにんもんだい

1 ぼくが　6こ，おとうとが　5こ　うんこを
ひろいました。ひろった　うんこの　かずは，
どちらが　なんこ　おおいですか。

しき　6 − 5 ＝ □

こたえ　＿＿＿＿＿＿＿＿が　　こ　おおい。

2 わたしが　6こ，いもうとが　1こ
うんこを　いえに　もって　かえりました。
いえに　もって　かえった　うんこの　かずは，
どちらが　なんこ　おおいですか。

しき

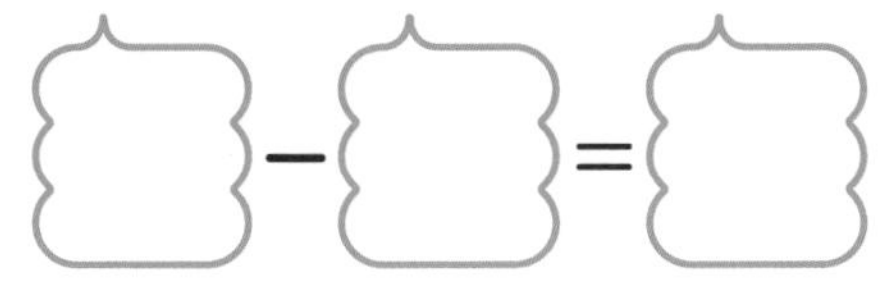

□ − □ ＝ □

こたえ　＿＿＿＿＿＿＿＿が　　こ　おおい。

3 おとうさんが　4こ，おかあさんが
9この　うんこを　ふみつぶしました。
ふみつぶした　うんこの　かずは，
どちらが　なんこ　おおいですか。

しき

こたえ　＿＿＿＿＿＿＿＿が　　こ　おおい。

れんしゅうもんだい

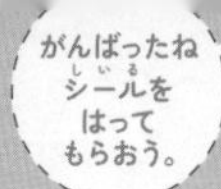

1　ゾウの　うんこが　1こ，コアラの　うんこが　8こ　あります。どちらの　うんこが　なんこ　おおいですか。

しき

こたえ　＿＿＿＿＿の　うんこが　＿＿＿こ　おおい。

2　うんどうかいで，あかチームが　3にん，しろチームが　6にん，うんこを　もらしました。うんこを　もらした　人は，どちらの　チームが　なんにん　おおいですか。

しき

こたえ　＿＿＿＿＿チームが　＿＿＿にん　おおい。

3　うんこを　のせた　トラックが　5だい，すなを　のせた　トラックが　7だい　はしって　います。どちらを　のせた　トラックが　なんだい　すくないですか。

しき

こたえ　＿＿＿＿＿を　のせた　トラックが　＿＿＿だい　すくない。

ただで もらえる うんこ

〜0の けいさん〜

たけしくんが　さんぽを　して　いると，だいの　上に　ただで　もらえる　うんこが　4こ　おかれて　いました。

たけしくんが　よろこんで　もらおうと　すると，よこから　ものすごい　スピードで　だれかが　はしって　きて，うんこを　4こ　とって　いって　しまいました。

ザザザッ

1 だれかに　とられた　あと，だいの　上にのこって　いる　うんこは　なんこですか。

しきを　かいて　こたえを　もとめましょう。

しき

こたえ ＿＿＿＿ こ

2 たけしくんは，うんこをもらえましたか。

どちらかを　○で　かこみましょう。

24ページの　おはなしや，1の　こたえを　もとに　して　かんがえて　みて　くれい。

（　もらえた　・　もらえなかった　）

スーパーうんこもんだい

うんこを　とって　いったのは　だれかな？
あてはまる　ものを　えらんで　○で　かこもう！

ヒント 24ページの　えを　よく　見よう。

あ　うちゅう人

い　犬

う　たんにんの　先生

さんすうポイント　0は，なにも　ない　ことを　あらわす。

6

24・25ページ(べえじ)の つづきだよ！

うんこを
とったのは
たんにんの
先生(せんせい)だったのじゃ！

じぶんが 見(み)つけた うんこを
先生(せんせい)に とられて しまった
たけしくんは，ざんねんな
気(き)もちに なりました。

ハハハッ

せっかく ぼくが
見(み)つけたのに……。

しかし，その つぎの 日(ひ)，しんぶんを 見(み)て
たけしくんは おどろきました。

新聞(しんぶん)
どく入りうんこ事件(じけん)

なんと 先生(せんせい)は，
たけしくんが
どく入(い)りの うんこを
とらないように，
たすけて くれたのです！

あやしい ものを 見(み)つけたら，
大人(おとな)を よぼうね。

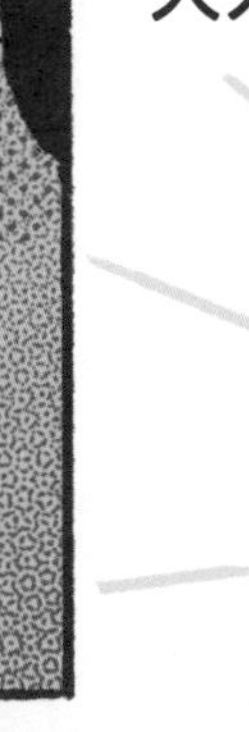

おしまい

れんしゅうもんだい

1 うんこが　3こ　のった　さらと，なにも
のって　いない　さらが　あります。
うんこは　あわせて　なんこですか。

しき　3 ＋ 0 ＝ □

こたえ ＿＿＿＿ こ

2 みちばたで　うんこを　うろうと　おもい，
うんこを　6こ　よういしました。
けれども，1こも　うれませんでした。
うんこは　なんこ　のこって　いますか。

しき　□ － □ ＝ □

こたえ ＿＿＿＿ こ

3 5ひきの　犬(いぬ)が　ほえて　います。先生(せんせい)の　うんこを　見(み)せると，
5ひきとも　どこかへ　にげて　いきました。のこった　犬(いぬ)は
なんびきですか。

しき

こたえ ＿＿＿＿ ひき

4 きのう　8かい　うんこを　しました。きょうは　1かいも
うんこを　しませんでした。きのうと　きょうで，うんこを
した　かいすうの　ちがいは　なんかいですか。

しき

こたえ ＿＿＿＿ かい

うんこに あつまる こん虫
～大きい かずの たしざん 1～

おとうさんの うんこには，こん虫が たくさん よって きます。

にわに おとうさんの うんこを おいて おき，よるに 見て みると，12ひきの こん虫が とまって いました。

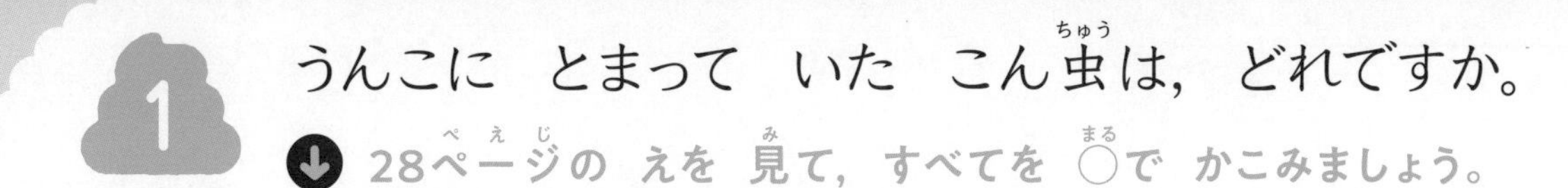

1 うんこに　とまって　いた　こん虫は，　どれですか。

28ページの　えを　見て，　すべてを　○で　かこみましょう。

2 それぞれの　こん虫の　かずだけ　○で　かこみましょう。

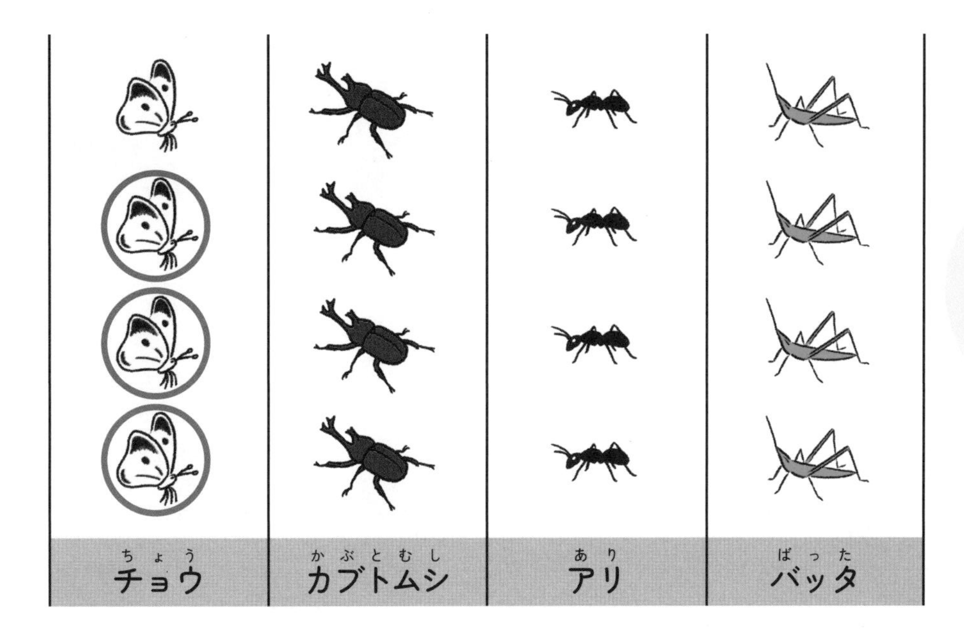

この　12ひきも　3の　トンボも　みんな　こん虫の　なかまなのじゃ。

3 つぎの　日，　2の　こん虫　12ひきに　くわえて，　さらに　トンボが　5ひき　ふえて　いました。　こん虫は，　ぜんぶで　なんびきに　なりましたか。

しきを　かいて，　こたえを　もとめましょう。

しき

こたえ　　　　　ひき

さんすうポイント　10より　大きい　かずは，「10と　いくつ」で　かんがえて　たしざんする。

かくにんもんだい

1 おとうさんの　うんこに　アゲハチョウ（あげはちょう）が　16ぴき　とまって　います。さらに　3びき　とまりました。うんこに　とまって　いる　アゲハチョウは，ぜんぶで　なんびきですか。

しき

こたえ ＿＿＿＿ ひき

2 おとうさんの　うんこに　ホタル（ほたる）が　11ぴき　とまって　います。さらに　5ひき　とまりました。うんこに　とまって　いる　ホタルは，ぜんぶで　なんびきですか。

しき
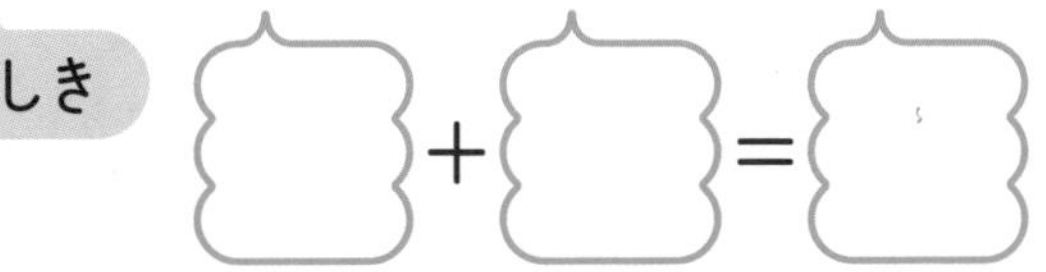

こたえ ＿＿＿＿ ぴき

3 おとうさんの　うんこに　クマバチ（くまばち）が　14ひき　とまって　います。さらに　アシナガバチ（あしながばち）が　1ぴき　とまりました。うんこに　とまって　いる　ハチ（はち）は，ぜんぶで　なんびきですか。

しき

こたえ ＿＿＿＿ ひき

4 おとうさんの　うんこに　アトラスオオカブト（あとらすおおかぶと）が　10ぴき　とまって　います。さらに　ヘラクレスオオカブト（へらくれすおおかぶと）が　4ひき　とまりました。うんこに　とまって　いる　カブトムシ（かぶとむし）は，ぜんぶで　なんびきですか。

しき

こたえ ＿＿＿＿ ひき

れんしゅうもんだい

1 学校に　いく　とちゅうで，うんこを
12こ　ふみました。かえりに　6こ
ふみました。ぜんぶで　なんこの
うんこを　ふみましたか。

しき

こたえ ＿＿＿＿ こ

2 大きな　うんこを　13だいの　トラックが
ひっぱって　います。おもすぎて
うごかないので，あと　3だい
ふえました。トラックは　ぜんぶで
なんだいに　なりましたか。

しき

こたえ ＿＿＿＿ だい

3 うんこを　右手で　15かい，左手で
3かい　チョップしました。
あわせて　なんかい　チョップしましたか。

しき

こたえ ＿＿＿＿ かい

4 たいいくかんに　うんこが　10こ　ならべられて　います。
校長先生が　きて，うんこを　7こ　しました。たいいくかんの
うんこは　ぜんぶで　なんこに　なりましたか。

しき

こたえ ＿＿＿＿ こ

8 天さいはかせの はつめい

～10に なる ひきざん～

天さいはかせが，うんこを
がちがちに かためて
「うんこソード」を
つくりました。

天さいはかせ
うんこの 力を
けんきゅうして いる
なぞの はかせ。

※ソード…「かたな」の こと。

はかせが うんこソードで 13この かたい いわを
きります。しかし，きれたのは 3こでした。

1 うんこソードで　きれた　かずだけ，いわに　×を　かきましょう。

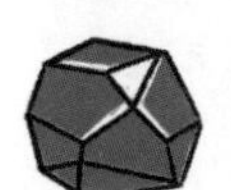

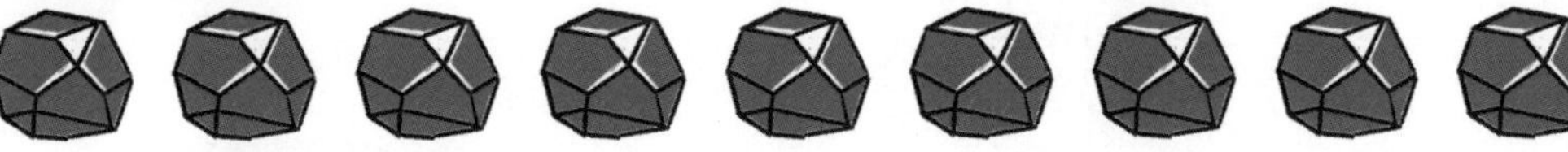
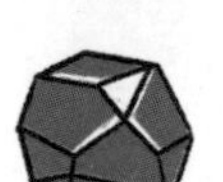

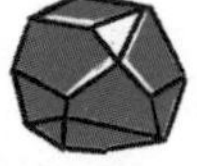
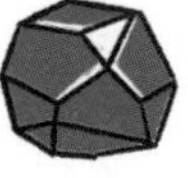
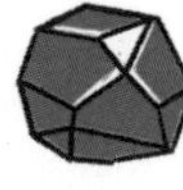
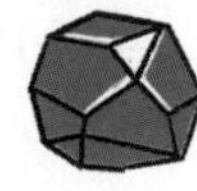
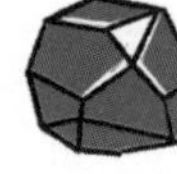
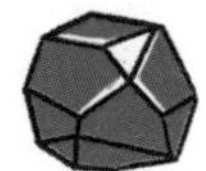

2 うんこソードで きれなかった　いわは　なんこですか。

しきを　かいて　こたえを
もとめましょう。

しき

こたえ ＿＿＿＿＿＿＿＿ こ

スーパーうんこもんだい

つぎの　うち，天さいはかせの　はつめいひんは　どれかな？　1つ　えらんで　〇で　かこもう！

ヒント　つぎの　ページで　いままでの　はつめいひんを　しょうかいするよ！

あ　トースター　　い　ひこうき　　う　うんこかぞえマシン

※マシン…「きかい」の　こと。

さんすうポイント　「10と いくつ」から 「いくつ」と おなじ かずを ひくと，10に なる。

8

天さいはかせの いままでの はつめいひんを しょうかいするよ！

1 うんこかぞえマシン

たくさんの うんこの かずを
いっしゅんで かぞえる ことが できる。
うんこでは ない ものは
かぞえられない。

2 うんこコプター

うんこに つけると，
うんこが ちょっとだけ うき上がる。
うんこでは ない ものは
うき上がらない。

3 うんこバリア

どんな うんこが とんで きても，
ぜったいに はねかえす。
うんこでは ない ものは，
はねかえせないので ちゅうい。

れんしゅうもんだい

がんばったね シールを はって もらおう。

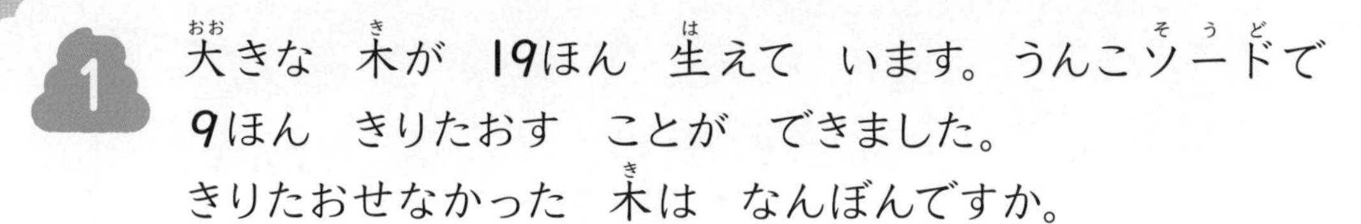

1 大きな　木が　19ほん　生えて　います。うんこソードで　9ほん　きりたおす　ことが　できました。きりたおせなかった　木は　なんぼんですか。

しき　19 − 9 =

こたえ　＿＿＿ぽん

2 じてん車が　12だい　あります。その　うち　2だいが　うんこまみれです。うんこまみれでは　ない　じてん車は　なんだいですか。

しき　　 − 　 =

こたえ　＿＿＿だい

3 たけしくんの　ランドセルに　16こ，はやとくんの　ランドセルに　6この　うんこが　入って　います。うんこの　かずの　ちがいは　なんこですか。

しき

こたえ　＿＿＿こ

4 うんこが　8こ，パイナップルが　18こ　あります。どちらが　どれだけ　おおいですか。

しき

こたえ　＿＿＿＿＿＿＿＿が　　　こ　おおい。

うんこエスパー翔の「うんこ消し」
～大きい かずの ひきざん 1～

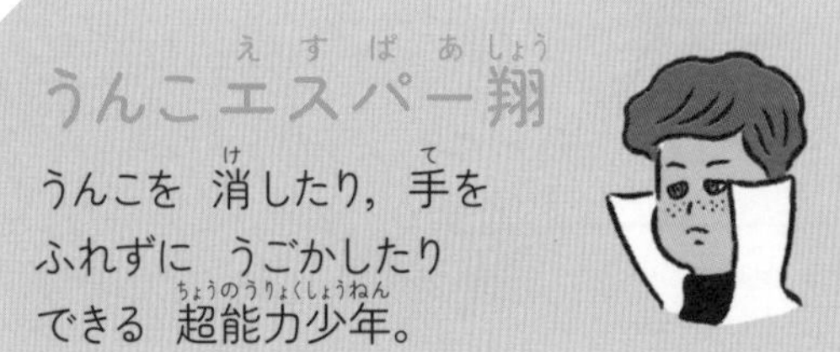

翔は 小学1年生の とき，「うんこ消し」の 力を 手に 入れました。

うんこに むかって 手を ちかづけると，その うんこを 消せるように なったのです。

けんきゅうしゃが よういした 17この うんこに 翔が 手を ちかづけると，その うちの 5こが 消えました。

1 消えた　うんこの　かずだけ，●に ×を　かきましょう。

どの ●に ×を かいても いいぞい。

2 17この　うんこの　うち，消えなかった うんこは　なんこですか。

しきを　かいて　こたえを　もとめましょう。

しき

こたえ ＿＿＿＿こ

ひかれる かずを「10と いくつ」に わけて かんがえるのじゃ。

3 翔は，消えなかった 12この　うんこで　もう　いちど「うんこ消し」を　しましたが，1こも　消えませんでした。うんこは　なんこ　のこって　いますか。

□に　かずを　かいて　こたえを　もとめましょう。

しき □－□＝□

こたえ ＿＿＿＿こ

さんすうポイント　10より 大きい かずは，「10と いくつ」に わけて かんがえて ひきざんする。

9

36・37ページの つづきだよ！

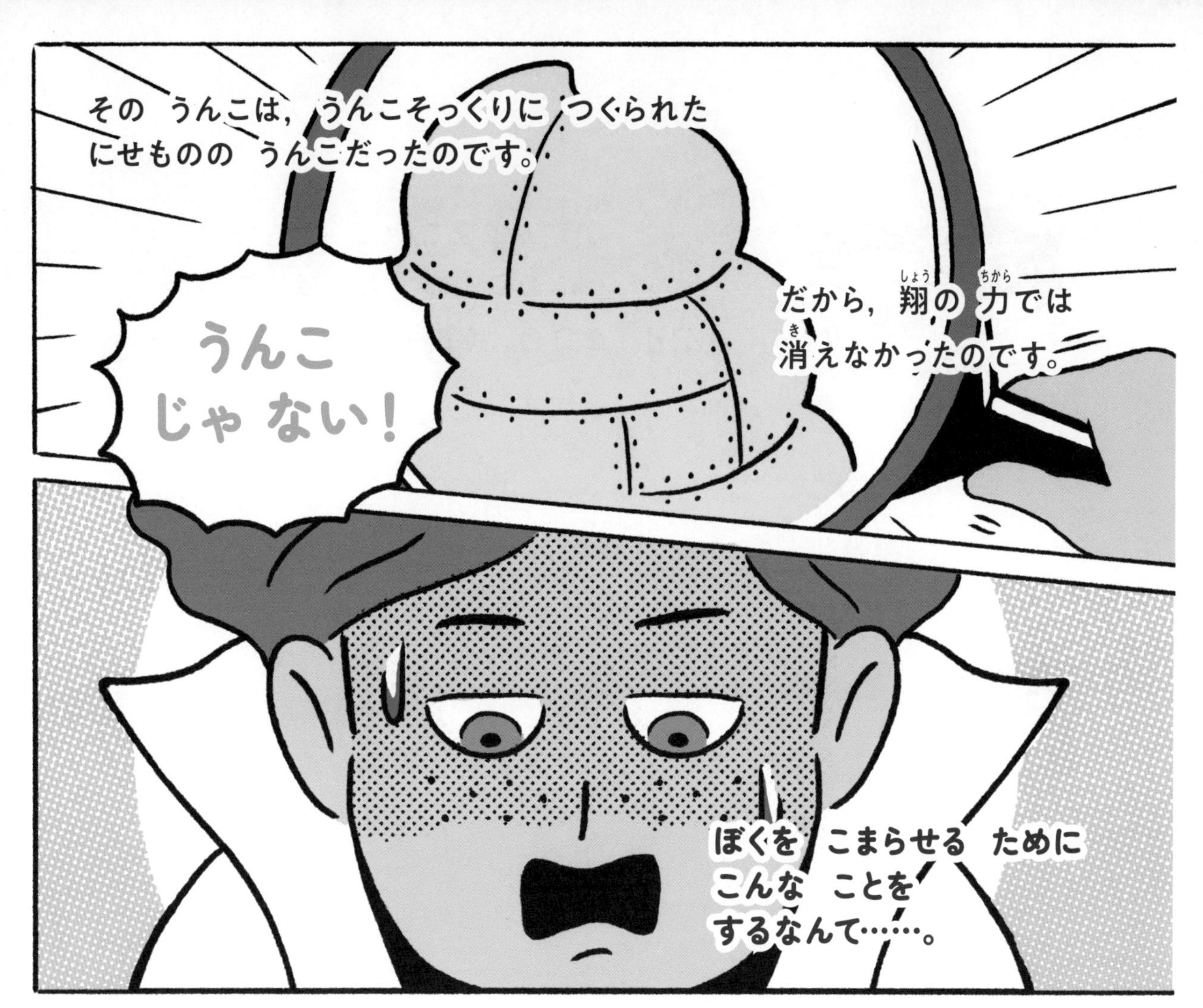

うんこエスパー翔は，
「文しょうだい 小学2年生」にも
出て きます。

かくにんもんだい

1 うんこが　19こ　あります。
うんこエスパー翔が　8こ　ふみつぶしました。
つぶさなかった　うんこは　なんこですか。

しき　19 − 8 = ［　　］

こたえ ＿＿＿＿ こ

2 うんこが　16こ　あります。うんこエスパー翔が
バットで　3こ　たたきつぶしました。
つぶさなかった　うんこは　なんこですか。

しき

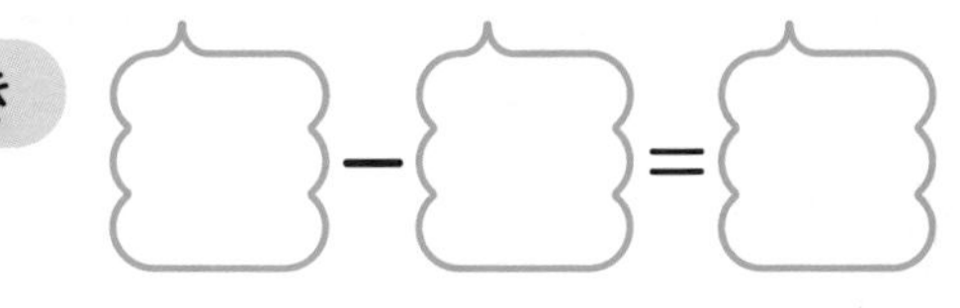

こたえ ＿＿＿＿ こ

3 うんこが　14こ　あります。うんこエスパー翔が
2こ　にぎりつぶしました。
つぶさなかった　うんこは　なんこですか。

しき

こたえ ＿＿＿＿ こ

4 うんこが　18こ　あります。
うんこエスパー翔が　ひじで　2こ
つぶしました。つぶさなかった
うんこは　なんこですか。

しき

こたえ ＿＿＿＿ こ

れんしゅうもんだい

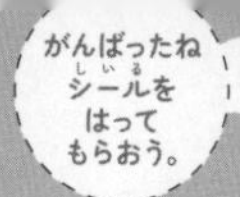

1 うんこの　とりあつかいせつめいしょが
17ページ　あります。
5ページまで　よみました。
のこりは　なんページですか。

しき

こたえ ＿＿＿＿ページ

2 きゅうこんが　15こ　あると　おもったら，
その　うちの　4こは　きゅうこんでは
なく，ぼくの　うんこでした。
きゅうこんは　なんこ　ありますか。

しき

こたえ ＿＿＿＿こ

3 おじさんが　18にん　います。うんこを　もらして　いない
おじさんは　3にんだけで，のこりは　ぜんいん　うんこを
もらして　います。うんこを　もらして　いる　おじさんは
なんにんですか。

しき

こたえ ＿＿＿＿にん

4 シールが　13まい　あります。2まい
うんこに　はりました。シールは　あと
なんまい　のこって　いますか。

しき

こたえ ＿＿＿＿まい

おじいちゃんが とくいな こと
～3つの かずの たしざん～

ぼくの　おじいちゃんは，うんこを　はやく　するのが　とくいです。

おじいちゃんが，１かいで　なんこの　うんこを　するのか，かぞえて　みました。

うんこを
2こ　しました。

うんこを
3こ　しました。

うんこを
5こ　しました。

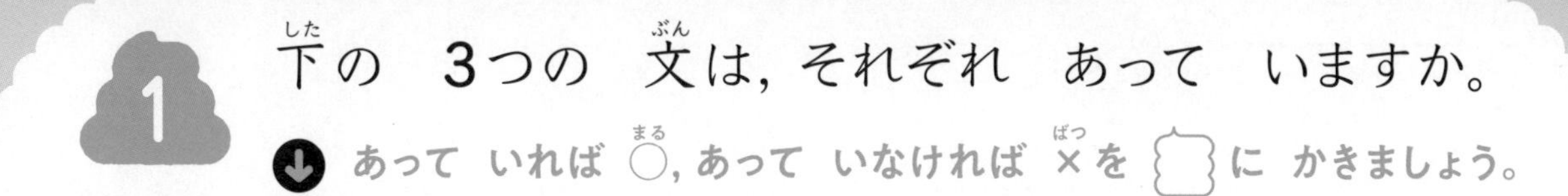

1 下の　3つの　文は，それぞれ　あって　いますか。

あって　いれば　○，あって　いなければ　×を　□に　かきましょう。

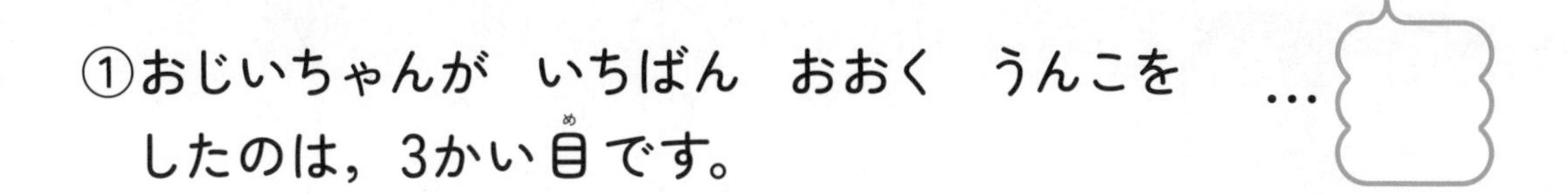

①おじいちゃんが　いちばん　おおく　うんこを　したのは，3かい目です。…□

②おじいちゃんが　1かい目と　2かい目で　した　うんこの　かずは，あわせて　5こです。…□

③おじいちゃんが　2かい目と　3かい目で　した　うんこの　かずの　ちがいは，1こです。…□

2 おじいちゃんは，ぜんぶで　なんこの　うんこを　しましたか。

□に　かずを　かいて　こたえを　もとめましょう。

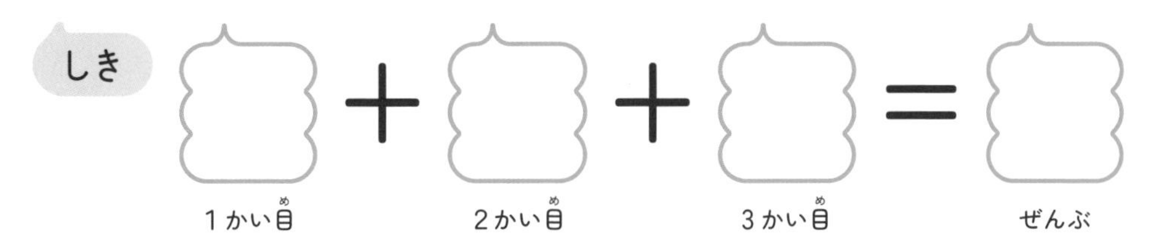

しき　□＋□＋□＝□

1かい目　2かい目　3かい目　ぜんぶ

1つの しきに かいて
まえから じゅんに けいさんするのじゃ。

こたえ ＿＿＿＿＿ こ

さんすうポイント｜3つの かずの たしざんは，まえから じゅんに けいさんする。

かくにんもんだい

1 おじいちゃんが げんかんで 1こ，キッチンで 2こ，ベッドで 3この うんこを しました。おじいちゃんは ぜんぶで なんこの うんこを しましたか。

しき 1 + 2 + 3 = ＿

こたえ ＿＿＿＿ こ

2 おじいちゃんが あさに 2かい，ひるに 1かい，よるに 6かい うんこを しました。おじいちゃんは ぜんぶで なんかい うんこを しましたか。

しき ＿ + ＿ + ＿ = ＿

こたえ ＿＿＿＿ かい

3 おじいちゃんが すわって 5こ，立って 4こ，さか立ちして 1この うんこを しました。おじいちゃんは ぜんぶで なんこの うんこを しましたか。

しき

こたえ ＿＿＿＿ こ

4 おじいちゃんの うんこが 1こ，ゴリラの うんこが 5こ，ゾウの うんこが 3こ あります。うんこは あわせて なんこ ありますか。

しき

こたえ ＿＿＿＿ こ

れんしゅうもんだい

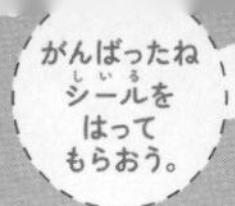

1 川(かわ)で　およいで　いたら，うんこが　2こ　ながれて　きました。その　あと　3こ　ながれて　きました。また　4こ　ながれて　きました。ながれて　きた　うんこは，ぜんぶで　なんこですか。

しき

こたえ ＿＿＿＿こ

2 うんこが　入(はい)った　びんが，たなの　上(うえ)の　だんに　6ぽん，まん中(なか)の　だんに　1ぽん，下(した)の　だんに　1ぽん　あります。うんこが　入(はい)った　びんは，あわせて　なんぼん　ありますか。

しき

こたえ ＿＿＿＿ほん

3 トランポリン(とらんぽりん)のような　うんこの　上(うえ)で，子(こ)どもが　3にん　とびはねて　います。そこへ　4にん　きました。その　あと　3にん　きました。子(こ)どもは　みんなで　なんにんに　なりましたか。

しき

こたえ ＿＿＿＿にん

4 うんこを　ぬすんだ　どろぼうを，2だいの　パトカー(ぱとかあ)が　おいかけて　います。4だい　ふえました。その　あと　1だい　ふえました。パトカーは　ぜんぶで　なんだいに　なりましたか。

しき

こたえ ＿＿＿＿だい

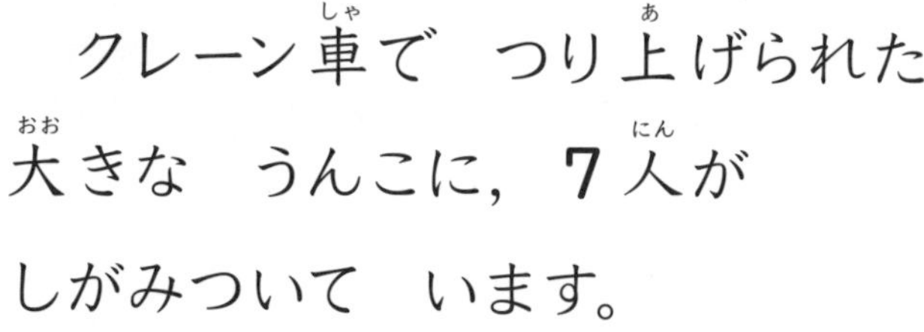

11 うんこ しがみつき 大かい

～3つの かずの ひきざん～

クレーン車で つり上げられた 大きな うんこに，7人が しがみついて います。

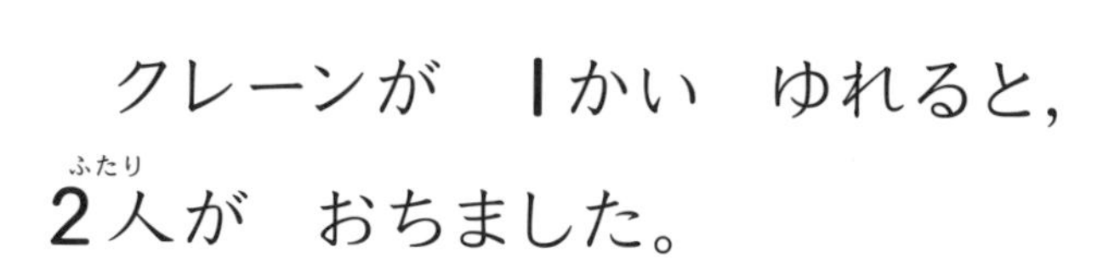

クレーンが 1かい ゆれると，2人が おちました。

もう 1かい ゆれると，さらに 4人が おちました。

1 シール

1かい目で　おちた　人の　かずだけ　どうメダル どう シールを，2かい目で　おちた　人の　かずだけ　ぎんメダル ぎん シールを　はりましょう。

2

さいごまで　しがみついて　いた　人は　なん人ですか。

↓ に　かずを　かいて　こたえを　もとめましょう。

しき　□ － □ － □ ＝ □

こたえ ＿＿＿人

スーパーうんこもんだい　シール

さいごまで　のこって　いたのは，爆林豪吾郎さん（40さい）だよ！
爆林さんの　かおは　どれかな？
あう　シールを　はろう！
ヒント　かおの　かたちを　よく　見よう。

さんすうポイント　3つの かずの ひきざんは，まえから じゅんに けいさんする。

11

かくにんもんだい

1 大きな　うんこに　コアラが　8ひき
しがみついて　います。まず　3びき
おちました。その　あと　2ひき
おちました。まだ　うんこに　しがみついて
いる　コアラは　なんびきですか。

しき　8 − 3 − 2 = □

こたえ　＿＿＿＿ びき

2 大きな　うんこに　かさが　7本　ささって　います。まず
1本　ぬけて　おちました。その　あと　2本　おちました。
まだ　うんこに　ささって　いる　かさは　なん本ですか。

しき　□ − □ − □ = □

こたえ　＿＿＿＿

3 大きな　うんこに　リボンが　5こ　つけて　あります。かぜが
ふいて　2こ　とれました。その　あと　2こ　とれました。
まだ　うんこに　ついて　いる　リボンは　なんこですか。

しき

こたえ　＿＿＿＿

4 大きな　うんこの　上で　10人の　アイドルが　うたって
います。うんこが　ゆれて　4人が　おちました。さらに
ゆれて　2人が　おちました。まだ　うんこの　上で　うたって
いる　アイドルは　なん人ですか。

しき

こたえ　＿＿＿＿

れんしゅうもんだい

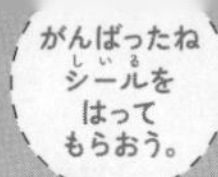

1 どんぐりが　10こ　あります。うんこの　中(なか)に　2こ　うめこみました。その　あと　6こ　うめこみました。どんぐりは　あと　なんこ　のこって　いますか。

しき

こたえ ＿＿＿＿＿＿

2 うんこに　ハンカチが　8まい　かぶせて　あります。ぼくが　4まい，おとうとが　3まい　とって　つかいました。
まだ　うんこに　かぶせて　ある　ハンカチは　なんまいですか。

しき

こたえ ＿＿＿＿＿＿

3 うんこを　7こ　もって　学校(がっこう)に　いきました。ともだちに　3こ　あげました。先生(せんせい)に　1こ　あげました。うんこは　なんこ　のこって　いますか。

しき

こたえ ＿＿＿＿＿＿

4 うんこを　1こずつ　もった　ゴリラが　9とう　います。3とうが　うんこを　なげて　きました。その　あと，べつの　4とうが　うんこを　なげて　きました。
まだ　うんこを　なげて　いない　ゴリラは　なんとうですか。

しき

こたえ ＿＿＿＿＿＿

12 うんこ歌手の コンサート

～3つの かずの けいさん 1～

うんこ歌手の Buri-yaが，コンサートを ひらきました。

1きょく目

「おれの うんこ」

おきゃくさんは，6人 いました。

2きょく目

「うんこ
ロックンロール」

5人 かえりました。

3きょく目

「なみだの うんこ」

3人 きました。

下の　3つの　文は，それぞれ　あって　いますか。

あって　いれば　○，あって　いなければ　×を　　に　かきましょう。

①1きょく目の　おきゃくさんは　５人でした。　…

②3つの　きょくの　中で，おきゃくさんが
へったのは，２きょく目の　ときです。　…

③3きょく目までで，いちばん　おきゃくさんが
おおかったのは，３きょく目です。　…

2

3きょく目の　とき，おきゃくさんは
なん人でしたか。

1つの　しきに　かいて　こたえを　もとめましょう。

しき

こたえ ＿＿＿＿＿＿人

1つの しきに あらわすぞい。**たすのか ひくのかを まちがえないように** するのじゃ。

4きょく目　**「世界中の だれよりも うんこが したい」**

コンサートでは
4きょく目が
もり上がったんだぜ。
その かしを
つぎの ページで
しょうかいしよう。

さんすうポイント　1つの しきに する ときは，
たすのか ひくのかに 気を つける。

12

うんこ歌手の Buri-ya が うたった うたの かしなのじゃ！

「世界中の　だれよりも　うんこが　したい」

作詞・作曲:Buri-ya

ねえ　ずっと聞いてほしかったことがあるんだ
波の音に消されちゃう前に
つないだ手と手　あたたかいうちに

世界中のだれよりも　そう　ぜったいに
世界中のだれよりも　ああ　かんぜんに
うんこがしたい
うんこがしたい
うんこがもれそうなんだ

世界中のだれよりも　unn.. あふれるほど
世界中のだれよりも　うそじゃないさ
うんこがしたい
うんこがしたい
少しもれてるんだ

世界中のだれよりも
うんこがしたいぼくなのさ

れんしゅうもんだい

1 うんこを　6こ　もって　うみを　およいで　いると，2こ　なくして　しまいました。その　あと，あたらしく　4こ　ひろいました。うんこは　なんこに　なりましたか。

しき　6 − 2 + 4 = 　　　こたえ　＿＿＿＿こ

2 先生（せんせい）が　こくばんに　うんこの　えを　4こ　かきました。ぼくが　こくばんけしで　3こ　けしました。その　あと，先生（せんせい）が　あたらしく　2こ　かきました。うんこの　えは　なんこに　なりましたか。

しき　　 − 　 + 　 = 　　　こたえ　＿＿＿＿

3 うんこの　まわりに　5ひきの　オオカミが　います。そこに　2ひき　きました。その　あと　6ぴき　いなく　なりました。うんこの　まわりに　いる　オオカミは，なんびきに　なりましたか。

しき

こたえ　＿＿＿＿

4 うんこを　かっこよく　かける　えんぴつが　7本（ほん）　あります。ともだちに　4本（ほん）　あげました。その　あと，あたらしく　7本（ほん）　かいました。うんこを　かっこよく　かける　えんぴつは，なん本（ぼん）に　なりましたか。

しき

こたえ　＿＿＿＿

13 うんこを くばる 校長先生

～3つの かずの けいさん 2～

校長室に 校長先生の うんこが 18こ あります。

校長先生（58さい）

校長先生は，18この うんこの うち，8こを
子どもたちに くばりました。

しかし，くばった うちの 6こが 校長室に
なげこまれて きました。

1 6この うんこが なげこまれた あと，校長室には なんこの うんこが ありますか。

1つの しきに かいて こたえを もとめましょう。

しき

こたえ ＿＿＿＿＿＿ こ

なげこまれたと いう ことは，
かずが ふえたと いう ことだぞい。

2 けっきょく なんこの うんこが もらわれた ことに なりますか。

こたえを もとめましょう。

はじめより なんこ
へったかを かんがえるのじゃ。

こたえ ＿＿＿＿＿＿ こ

スーパー うんこ もんだい

校長先生が 20さいの ころの しゃしんは どれかな？ 1つ えらんで ◯で かこもう！

ヒント むかしの 校長先生は，あかるくて 人気ものだったらしいよ！

さんすう ポイント | 3つの かずの けいさんは，かずが 大きく なっても，まえから じゅんに たしたり ひいたり する。

13

かくにんもんだい

1 村長が，いえに　あった　うんこ　14この　うち，4こを　村人に　くばりました。しかし，その　うちの　3こが　もどって　きました。村長の　いえに　ある　うんこは，なんこに　なりましたか。

しき　14 − 4 + 3 = ☐　　こたえ ＿＿＿＿こ

2 市長が　うんこを　18こ　もって　います。あるいて　いる　人に　7こ　くばりました。くばって　いる　あいだに，あたらしく　うんこを　5こ　して，それも　もちました。市長が　もって　いる　うんこは，なんこに　なりましたか。

しき　☐ − ☐ + ☐ = ☐　　こたえ ＿＿＿＿

3 おかあさんは，うんこを　10こ　もって　います。となりの　いえの　人から　5こ　もらいました。その　あと，4こ　人に　あげました。おかあさんが　もって　いる　うんこは，なんこに　なりましたか。

しき

こたえ ＿＿＿＿

4 あさ，校ていに　うんこが　11こ　ならべて　ありました。かえる　とき，7こ　ふえて　いました。つぎの　日，5こ　なくなって　いました。校ていの　うんこは，なんこに　なりましたか。

しき

こたえ ＿＿＿＿

れんしゅうもんだい

1 だいじな　うんこを　16人で　まもって　います。その　うち　6人が　かえりました。その　あと，8人　きました。うんこを　まもって　いる　人は，なん人に　なりましたか。

しき

こたえ ＿＿＿＿＿＿

2 さかみちを　ころがる　うんこを，
10ぴきの　犬が　おいかけて　います。
9ひき　ふえました。その　あと，
7ひき　どこかへ　いきました。
犬は　なんびきに　なりましたか。

しき

こたえ ＿＿＿＿＿＿

3 うんこに　シールが　11まい　はって　あります。おとうさんが　さらに　8まい　はりました。その　あと，おかあさんが　9まい　はがしました。うんこに　はって　ある　シールは，なんまいに　なりましたか。

しき

こたえ ＿＿＿＿＿＿

4 きょうしつに　うんこが　10こ　ちらばって　います。だれかが　6こ　もって　いきました。その　あと，また　だれかが　10こ　うんこを　しました。きょうしつの　うんこは，なんこに　なりましたか。

しき

こたえ ＿＿＿＿＿＿

14 先生のピンチ
〜たしざん 1〜

先生は，いえに　かえる
とちゅうで　うんこが
もれそうに　なったので，
もって　いた　コンビニの
ふくろを　とりだしました。

ふくろには，はじめから うんこが 9こ 入って いました。
そこに，先生は　うんこを　4こ　しました。

1 ふくろに　入った　うんこは，
ぜんぶで　なんこに　なりましたか。

9は，
あと 1で
10だから…。

9こ　　4こ

↓ しきを　かいて　こたえを　もとめましょう。

しき

こたえ ＿＿＿＿ こ

2

いえに　つく　ちょくぜんで，先生(せんせい)は　また
うんこが　もれそうに　なりました。そこで，
13この　うんこが　入(はい)った　コンビニの　ふくろに
うんこを　2こ　しました。ふくろに　入(はい)った
うんこは，ぜんぶで　なんこに　なりましたか。

しきを　かいて　こたえを　もとめましょう。

しき

こたえ ＿＿＿＿＿ こ

スーパーうんこもんだい

おうちの　人(ひと)に，うんこを　もらした　ことが
あるか　どうかを　きいて　みよう！
また，もらした　かいすうも　かこう！

だれに　きいたかな？

その　人(ひと)は，うんこを
もらした　ことが　あったかな？

ある・ない

なんかいくらい　もらしたかな？

かいくらい

学校(がっこう)の
先生(せんせい)に　きいても
いいぞい！

さんすうポイント　くり上(あ)がる　たしざんでは，あと　いくつで　10に　なるかを　かんがえる。

かくにんもんだい

1 かみぶくろに　うんこが　8こ　入(はい)って　います。そこへ　うんこを　4こ　しました。かみぶくろに　入(はい)って　いる　うんこは，ぜんぶで　なんこに　なりましたか。

しき　8 ＋ 4 ＝ □

こたえ　＿＿＿＿こ

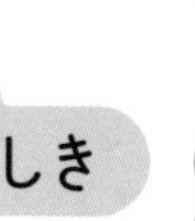
ケーキの　空(あ)きばこに　うんこが　6こ　入(はい)って　います。そこへ　うんこを　5こ　しました。ケーキの　空(あ)きばこに　入(はい)って　いる　うんこは，ぜんぶで　なんこに　なりましたか。

しき　□ ＋ □ ＝ □

こたえ　＿＿＿＿

ビニールぶくろに　うんこが　9こ　入(はい)って　います。かみぶくろに　うんこが　6こ　入(はい)って　います。うんこは　あわせて　なんこですか。

しき

こたえ　＿＿＿＿

4 バケツの　中(なか)に　うんこが　9こ　入(はい)って　います。そこに　ちりとりで　あつめた　3この　うんこを　入(い)れました。うんこは　ぜんぶで　なんこに　なりましたか。

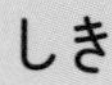
しき

こたえ　＿＿＿＿

れんしゅうもんだい

がんばったね
シールを
はって
もらおう。

1 いもうとが　うんこに　リボンを　8こ　つけました。さらに　おかあさんが　3こ　つけました。うんこに　ついて　いる　リボンは，ぜんぶで　なんこですか。

しき

こたえ ＿＿＿＿＿＿

2 人さしゆびで　9かい，小ゆびで　5かい，うんこを　つつきました。うんこを　つついた　かいすうは，あわせて　なんかいですか。

しき

こたえ ＿＿＿＿＿＿

3 この　町には，うんこを　うって　いる　みせが　7けん　あります。となりの　町には，5けん　あります。うんこを　うって　いる　みせは，あわせて　なんけんですか。

しき

こたえ ＿＿＿＿＿＿

4 クラスで　しゃしんを　とります。男の子は　9この　うんこを　1人　1こずつ，女の子は　8本の　バラの　花を　1人　1本ずつ　もちます。クラスは　みんなで　なん人ですか。

しき

こたえ ＿＿＿＿＿＿

15 うんこさがし 大かい

～たしざん 2～

たつきくんは，おとうさんと「うんこさがし 大かい」に 出ました。

1 えの 中から 右の うんこを 10こ さがしましょう。

うんこさがし 大かい マップの いちぶ

un
10 この うんこを
ぜんぶ さがす ことが
できたかのう？
つぎの ページにも
もんだいが あるよ！

2

「うんこさがし大かい」で，たつきくんが　見つけた
うんこの　かずは　6こ，おとうさんが　見つけた
うんこの　かずは　8こでした。
2人は，あわせて　なんこの
うんこを　見つけましたか。

10を つくって
けいさんして
みるのじゃ。

しきを　かいて　こたえを　もとめましょう。

しき

こたえ ______ こ

スーパーうんこもんだい

たつきくんは　6この　うんこを　どのように
もったかな？　1つ　えらんで　○で　かこもう！

ヒント　この　あと，ふくが　のびちゃったらしいよ。

さんすうポイント　くり上がる たしざんでは，10 を つくって けいさんすると わかりやすい。

れんしゅうもんだい

1 おじいちゃんは　ベランダから　うんこを
5こ　つるして　います。おばあちゃんも
8こ　つるして　います。あわせて
なんこの　うんこを　つるして　いますか。

しき　5 ＋ 8 ＝ □

こたえ　＿＿＿＿こ

2 うんこを　うって　いる　みせの　まえに　5人（にん）が　ならんで
います。さらに　7人（にん）　ならびました。みんなで　なん人（にん）
ならんで　いますか。

しき　□ ＋ □ ＝ □

こたえ　＿＿＿＿

3 ぼくは，うんこに　よく　にた　ほしを
4こ　見（み）つけました。おにいちゃんも
7こ　見（み）つけました。あわせて
なんこ　見（み）つけましたか。

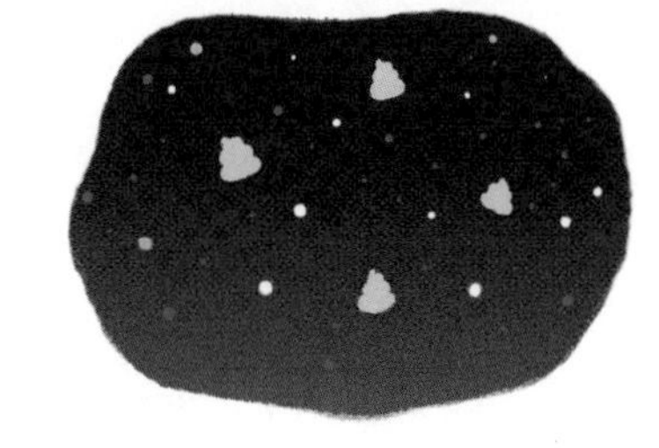

しき

こたえ　＿＿＿＿

4 8とうの　キリンが　うんこを　まきちらしながら　はしって
きます。さらに　9とうの　キリンが　うんこを　まきちらし
ながら　はしって　きました。ぜんぶで　なんとうの　キリンが
うんこを　まきちらしながら　はしって　きましたか。

しき

こたえ　＿＿＿＿

16 「うんこパンチ」に ちょうせん
～ひきざん 1～

どんな ちょうせん？

権田原先生(ごんだわらせんせい)に　むかって，すごい　スピードで
うんこが　とんで　きます。

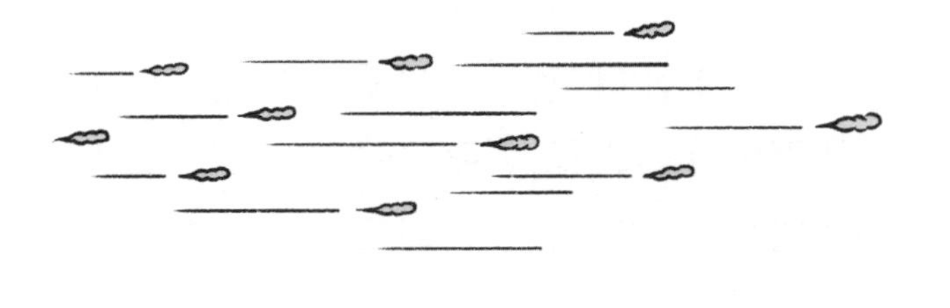

うんこを　パンチで　ぜんぶ　たたきつぶせたら
せいこうです！

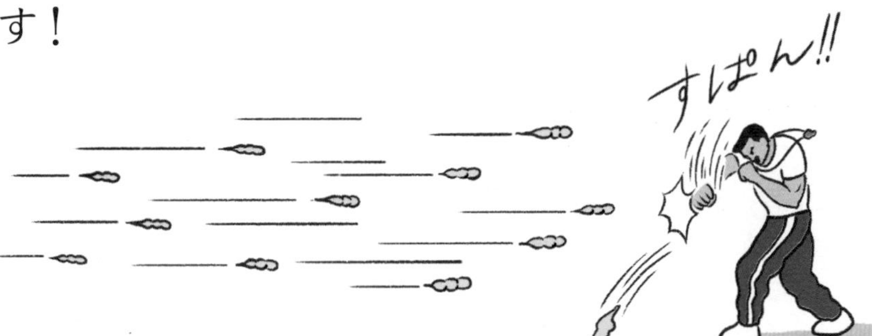

どう　なった？

うんこは　ぜんぶで　12こ　とんで　きました。
その　うち，権田原先生(ごんだわらせんせい)が　たたきつぶせた
うんこは，9こでした。

ちょうせんは，しっぱいです。

12この　うんこの　うち，たたきつぶせた
うんこの　かずだけ　パンチシールを　はりましょう。

シール

うんこの　上(うえ)に　シールを　はりましょう。

シールは
どの うんこに
はっても いいぞい。
正(ただ)しい かずだけ
はるのじゃぞ。

2

権田原先生(ごんだわらせんせい)が　たたきつぶせなかった
うんこは　なんこですか。

しきを　かいて　こたえを　もとめましょう。

しき

こたえ ＿＿＿＿ こ

さんすうポイント｜くり下(さ)がる ひきざんでは，ひかれる かずを「10と いくつ」に わけて，10から ひいてから のこりを たす。

16

かくにんもんだい

がんばったね シール（しいる）を はって もらおう。

1 15この　うんこが　とんで　きました。おとうさんが　キックで　9こ　けりおとしました。おとうさんが　けりおとせなかった　うんこは　なんこですか。

しき　15 − 9 = □

こたえ ＿＿＿＿ こ

2 16この　うんこが　とんで　きました。先生（せんせい）が　バットで　8こ　うちかえしました。先生（せんせい）が　うちかえせなかった　うんこは　なんこですか。

しき　□ − □ = □

こたえ ＿＿＿＿

3 うんこが　16こ　とんで　きました。おにいちゃんは　グローブで　7こ　とりましたが，のこりは　とれませんでした。グローブで　とれなかった　うんこは　なんこですか。

しき

こたえ ＿＿＿＿

4 うんこが　18こ　とんで　きました。おじいちゃんが　ハエたたきで　9こ　たたきおとしましたが，のこりは　かおに　あたりました。かおに　あたった　うんこは　なんこですか。

しき

こたえ ＿＿＿＿

れんしゅうもんだい

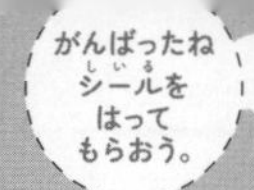

1 きのう，うんこを　17こ　ひきずって　あるいて　いる　おばさんを　見ました。きょうも　見ましたが，きのうよりも　うんこが　8こ　へって　いました。きょう，おばさんは　うんこを　なんこ　ひきずって　いましたか。

しき

こたえ ＿＿＿＿＿＿

2 16人で　いっせいに　うんこを　しました。その　うち，大人は　9人で　のこりは　子どもです。うんこを　した　子どもは　なん人ですか。

しき

こたえ ＿＿＿＿＿＿

3 はこが　15はこ　あります。その　うち，7はこに　ほう石が　入って　います。のこりの　はこには　うんこが　入って　います。うんこが　入って　いる　はこは　なんばこですか。

しき

こたえ ＿＿＿＿＿＿

4 バスに　のって　いたら，うんこを　もった　人が　17人　のって　きました。その　うち，9人は　つぎの　バスていで　おりました。うんこを　もった　人は，のこり　なん人に　なりましたか。

しき

こたえ ＿＿＿＿＿＿

うんこに ささった つまようじ

~ひきざん 2~

うんこに　つまようじを　11本　さして テーブルの上に　おいて　おきました。

つぎの　日に　見て　みると，だれかが　つかったのか，3本　へって　いました。

1

うんこに　ささった　つまようじは，なん本（ぼん）のこって　いますか。

↓ しきを　かいて　こたえを　もとめましょう。

しき

こたえ ＿＿＿＿本（ほん）

ひく かずを
わけて，
10から ひく
ひきざんを
つくるのじゃ。

2

月（げつ）よう日（び）に　8本（ほん）　うんこに　ささって　いた　つまようじが，火（か）よう日（び）には　2本（ほん）　ふえて　いて，水（すい）よう日（び）には，3本（ぼん）　へって　いました。
いま，うんこに　ささって　いる　つまようじは，なん本（ぼん）ですか。

↓ 1つの　しきに　かいて　こたえを　もとめましょう。

しき

こたえ ＿＿＿＿本（ほん）

「3つの かずの
けいさん」の
ふくしゅうじゃ。
1つの しきに
かいたら，まえから
けいさんするのじゃ。

さんすうポイント｜くり下（さ）がる ひきざんでは，10をつくって けいさんすると わかりやすい。

かくにんもんだい

1 うんこに　くぎを　12本(ほん)　さして
おきました。だれかが　5本(ほん)
つかいました。うんこに　くぎは
なん本(ぼん)　のこって　いますか。

しき　12 － 5 ＝ □

こたえ ＿＿＿＿ 本

2 うんこに　わりばしを　11本(ぽん)　さして　おきました。だれかが
5本(ほん)　つかいました。うんこに　わりばしは　なん本(ぼん)　のこって
いますか。

しき　□ － □ ＝ □

こたえ ＿＿＿＿

3 うんこに　ストローを　13本(ぼん)　さして
おきました。だれかが　4本(ほん)
つかいました。うんこに　ストローは
なん本(ぼん)　のこって　いますか。

しき

こたえ ＿＿＿＿

4 うんこに　えんぴつを　11本(ぽん)　さして
おきました。だれかが　2本(ほん)
つかいました。うんこに　えんぴつは
なん本(ぼん)　のこって　いますか。

しき

こたえ ＿＿＿＿

れんしゅうもんだい

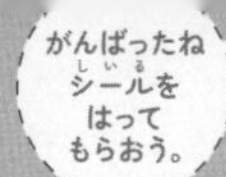

1 クリスマスツリーに　かざって　おいた
13この　うんこの　うち，５こが　下に
おちて　しまいました。まだ
クリスマスツリーに　のこって　いる
うんこは　なんこですか。

しき

こたえ ＿＿＿＿＿＿

2 14本の　クレヨンを　ぜんぶ　つかって　うんこを　かこうと
おもいます。５本　つかいました。あと　なん本　つかえば
よいですか。

しき

こたえ ＿＿＿＿＿＿

3 右の　ポケットに　３こ，左の　ポケットに　12この　うんこが
入って　います。ポケットに　入って　いる　うんこの　かずの
ちがいは　なんこですか。

しき

こたえ ＿＿＿＿＿＿

4 おとうさんと　おじいちゃんが，うんこを　しながら
コーヒーを　のんで　います。おとうさんは　４はい，
おじいちゃんは　11ぱい　のみました。のんだ　コーヒーの
かずの　ちがいは　なんばいですか。

しき

こたえ ＿＿＿＿＿＿

18 うんこを 見に きた 人たち

～大きい かずの たしざん 2～

ぼくの　うんこが　テレビで　しょうかいされて，
せかい中で　人気に　なりました。

ぼくの　うんこを　見る　ために，アメリカから　30人，
中国から　20人が　やって　きました。

1

アメリカと　中国から，あわせて　なん人が　うんこを　見に　きましたか。

しきを　かいて　こたえを　もとめましょう。

30人

20人

ずのように，**10の　まとまりが　いくつに　なるか**で　かんがえるのじゃ！

しき

こたえ ＿＿＿＿ 人

2

50人の　ほかに，日本からも　40人　見に　きました。みんなで　なん人が　見に　きましたか。

しきを　かいて　こたえを　もとめましょう。

しき

こたえ ＿＿＿＿ 人

せかいちず

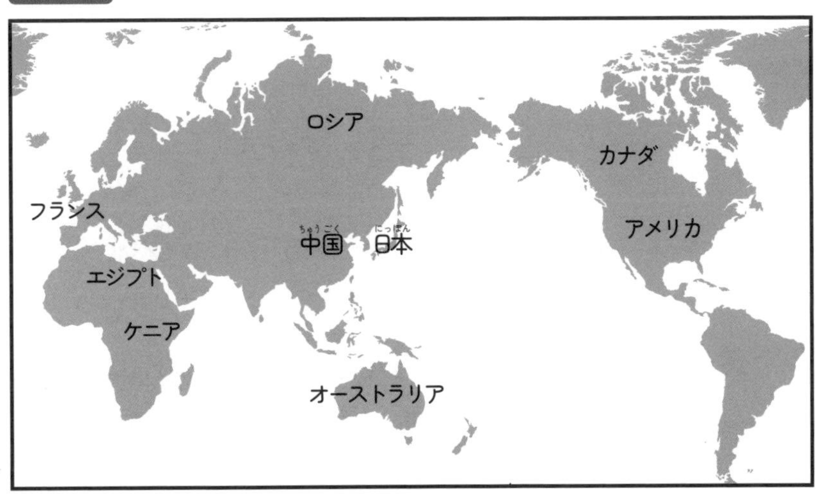

つぎの　ページの　もんだいに　出て　くる　くにも　のって　いるぞい。

さんすうポイント｜なん十どうしの　たしざんでは，10の　まとまりが　いくつかを　かんがえる。

かくにんもんだい

ぼくの　うんこを　見る　ために，
アメリカから　20人，中国から　70人が
やって　きました。2つの　くにから，
あわせて　なん人が　きましたか。

しき

こたえ ＿＿＿＿人

ぼくの　うんこを　見る　ために，カナダから　30人，
フランスから　50人が　やって　きました。2つの　くにから，
あわせて　なん人が　きましたか。

しき　□＋□＝□

こたえ ＿＿＿＿

ぼくの　うんこを　見る　ために，エジプトから　40人，
ロシアから　10人が　やって　きました。2つの　くにから，あわせて　なん人が　きましたか。

しき

こたえ ＿＿＿＿

4

ぼくの　うんこを　見る　ために，
ケニアから　50人，オーストラリアから
20人が　やって　きました。2つの
くにから，あわせて　なん人が　きましたか。

しき

こたえ ＿＿＿＿

れんしゅうもんだい

1 20円の　おかしと　30円の
うんこを　1こずつ　かいました。
あわせて　なん円でしたか。

しき

こたえ ＿＿＿＿＿＿

2 うんこの　上に　本を　60さつ　のせました。その　上に，さらに
20さつ　のせました。本を　ぜんぶで　なんさつ　のせましたか。

しき

こたえ ＿＿＿＿＿＿

3 石のように　かたい　うんこが　あります。
トンカチで　30かい　たたきましたが，
こわれません。さらに　60かい　たたくと，
やっと　こわれました。こわすまでに，
ぜんぶで　なんかい　たたきましたか。

しき

こたえ ＿＿＿＿＿＿

4 いくつかの　うんこが　あります。ひき出しに　80こ
しまいましたが，まだ　20こ　のこって　います。うんこは
ぜんぶで　なんこ　ありますか。

しき

こたえ ＿＿＿＿＿＿

19 いろいろな かたちの うんこ

～大きい かずの たしざん 3～

ぼくの 先生は，いろいろな かたちの うんこを するのが とくいです。

先生は 月よう日に 20こ，火よう日に 8この うんこを して くれました。

先生

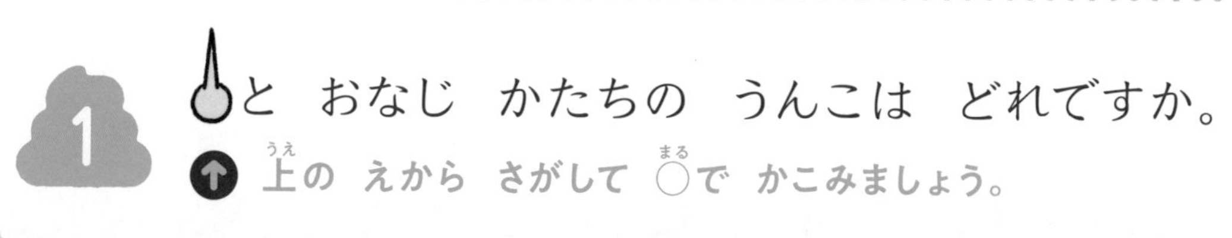

1 と おなじ かたちの うんこは どれですか。

↑ 上の えから さがして ○で かこみましょう。

2 先生(せんせい)は 月(げつ)よう日(び)と 火(か)よう日(び)で あわせて なんこの うんこを しましたか。

しきを かいて こたえを もとめましょう。

しき

こたえ ＿＿＿＿ こ

スーパーうんこもんだい

下(した)の ㋐～㋔の うんこで「うんこスカイツリー」を つくったよ。それぞれ なんこ つかって いるかな？

ヒント ㋐～㋔の うんこだけで つくったよ。

㋐ 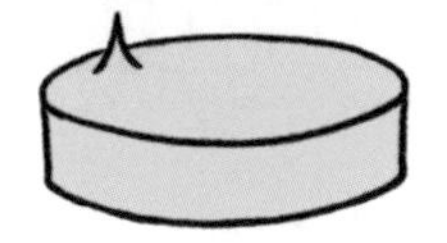 ＿＿＿＿ こ

㋑  ＿＿＿＿ こ

㋒  ＿＿＿＿ こ

㋓ 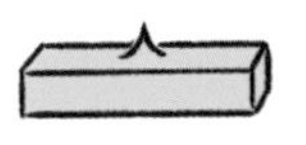 ＿＿＿＿ こ

㋔ 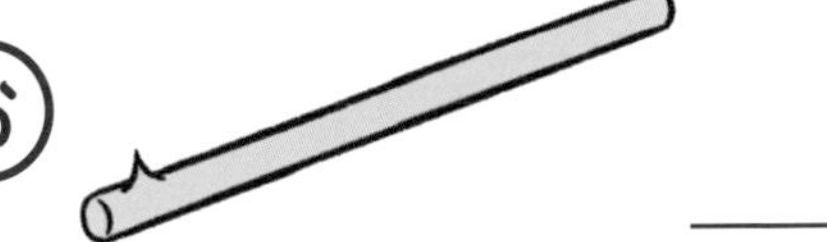 ＿＿＿＿ こ

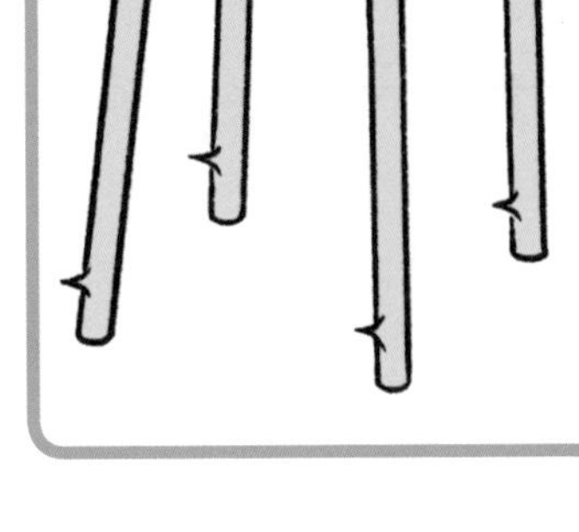

さんすうポイント｜なん十(じゅう)が 入(はい)った たしざんでは，10の まとまりが いくつかや，一(いち)のくらいの かずを かんがえる。

かくにんもんだい

がんばったね シールを はって もらおう。

1 先生が　うんこを　水よう日に　20こ，木よう日に　3こ　して　くれました。先生は　あわせて　なんこの　うんこを　しましたか。

しき　20 ＋ 3 ＝

こたえ　______こ

2 先生が　うんこを　30こ　して　くれました。ぼくは　さらに　9こ　あつめて　きました。うんこは　あわせて　なんこですか。

しき　 ＋ 　＝

こたえ　______

3 先生が　うんこを　50こ　して　くれました。さらに，先生は　かばんから　うんこを　5こ　出しました。うんこは　ぜんぶで　なんこですか。

しき

こたえ　______

4 先生が　うんこを　7こ，校長先生が　60こ　して　くれました。うんこは　あわせて　なんこですか。

しき

こたえ　______

れんしゅうもんだい

1 右手で　うんこを　70かい　もみました。
左手で　7かい　もみました。あわせて
なんかい　うんこを　もみましたか。

しき

こたえ ＿＿＿＿＿＿

2 大きな　うんこが　ボーボーと　もえて　います。火を　けす
ために　しょうぼう車が　40だい　きました。それでも　火が
きえないので　さらに　6だい　きました。しょうぼう車は
ぜんぶで　なんだい　きましたか。

しき

こたえ ＿＿＿＿＿＿

3 おもい　うんこを　せおって　かいだんを
20だん　のぼりました。あと　8だんで
いちばん　上に　つきます。かいだんは
ぜんぶで　なんだん　ありますか。

しき

こたえ ＿＿＿＿＿＿

4 みんなで　うんこを　しようと　いう　ことに　なり，校ていに
あつまりました。先生が　6人，子どもが　80人　います。
あわせて　なん人　あつまりましたか。

しき

こたえ ＿＿＿＿＿＿

ぶり次郎の「うんこバランス」

～大きい かずの たしざん 4～

ぶり次郎は，「うんこバランス」の しゅぎょうに ちょうせんしました。

宮本 ぶり次郎
でんせつの けんぽう
「うんこ拳」の たつ人

「うんこバランス」とは，うんこを からだに たくさん のせて，かた足で 立つ しゅぎょうです。

うんこを 31こ のせる ことが できれば ごうかくですが，ぶり次郎は それよりも 6こ おおく うんこを のせて しゅぎょうを やったそうです。

ししょう ぶりのすけ
※ししょう…「先生」の こと。

1

ぶり次郎の　からだに　あと　6こ
うんこを　のせましょう。

シール

82ページの　ぶり次郎に　うんこシールを　はりましょう。

82ページの ぶり次郎は，うんこを
まだ 31 こしか のせて いないぞい！

2

ぶり次郎の　からだに　うんこは　ぜんぶで
なんこ　のって　いますか。

しきを　かいて　こたえを　もとめましょう。

しき

こたえ ＿＿＿＿＿＿＿ こ

スーパーうんこもんだい

ぶり次郎の　ししょう　ぶりのすけは，うんこを
60こも　のせて　しゅぎょうしたそうだよ。
その　ときの　ポーズを　えらんで　○で　かこもう！

ヒント　せなかを　うまく　つかったらしい！

あ

い

さんすうポイント　一のくらいどうしを けいさんしよう。

かくにんもんだい

1 ぶり次郎が　せなかに　25この　うんこを
のせて　います。さらに　4こ　のせました。
ぶり次郎の　せなかに　うんこは
ぜんぶで　なんこ　のって　いますか。

しき

こたえ ＿＿＿＿＿＿こ

2 ぶり次郎が　人さしゆびに　33この　うんこを　のせて　います。
あと　5こ　のせると，ぜんぶで　なんこに　なりますか。

しき　□＋□＝□

こたえ ＿＿＿＿＿＿

3 ぶり次郎が　おでこに　52この　うんこを
のせて　います。あごにも　7こ　のせて
います。あわせて　なんこの　うんこを
のせて　いますか。

しき

こたえ ＿＿＿＿＿＿

4 ぶり次郎が　かおの　上に　61この　うんこを　のせて
います。まだ　のせて　いない　うんこは　6こ　あります。
うんこは　ぜんぶで　なんこ　ありますか。

しき

こたえ ＿＿＿＿＿＿

れんしゅうもんだい

1 たき火の　中で　うんこが　21こ　もえて　います。そこへ　うんこを　4こ　なげこみました。たき火の　中の　うんこは　ぜんぶで　なんこに　なりましたか。

しき

こたえ ＿＿＿＿＿＿

2 じぶんの　うんこに　ついて，さく文を　かく　ことに　なりました。ぼくは　34まいの　さく文ようしに　かきました。その　あと，さらに　5まい　かきました。ぜんぶで　なんまい　かきましたか。

しき

こたえ ＿＿＿＿＿＿

3 うんこが　大きすぎて，42かい　水を　ながしても　ながれませんでした。さらに　6かい　水を　ながすと，やっと　ながれました。この　うんこを　ながすのに，ぜんぶで　なんかい　水を　ながしましたか。

しき

こたえ ＿＿＿＿＿＿

4 うんこを　つま先で　3かい，かかとで　75かい　ふみます。ぜんぶで　なんかい　ふむ　ことに　なりますか。

しき

こたえ ＿＿＿＿＿＿

21 うんこが つまった だんボールばこ

～大(おお)きい かずの ひきざん 2～

ある　あさ，うんこが　ぎゅうぎゅうに　つまった
だんボールばこが，**70**ぱこも　とどきました。

いえの　中(なか)に　入(はい)りきらないので，ともだちや
きんじょの　人(ひと)に　**20**ぱこ　くばりました。

1 いえに　のこった　だんボールばこは　なんばこですか。

↓ しきを　かいて　こたえを　もとめましょう。

しき

こたえ ＿＿＿＿＿＿ ぱこ

2

1の　あと，うわさを　きいて，「うんこが　もらえるなら　ほしい」と　いう　人たちが　100人も　きました。
1人に　1はこずつ　くばるには，だんボールばこは　なんばこ　たりませんか。

しきを　かいて　こたえを　もとめましょう。

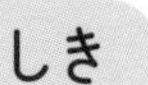

しき

こたえ ＿＿＿＿＿ぱこ

1で もとめた かずを つかうのじゃ。

スーパーうんこもんだい

どうして　うんこが　つまった　だんボールばこが　70ぱこも　とどいたのかな？
どちらかを　○で　かこもう！

ヒント　86ページの　さいしょの　えを　見よう！
おとうさんの　ようすが　おかしいような…？

あ　はいたつの　人の　ミスで，とどいて　しまった。
※ミス…「まちがい」の　こと。

い　おとうさんの　ミスで，うんこを　ちゅう文する　ときに「7はこ」を「70ぱこ」と　かいて　いた。

さんすうポイント｜なん十や 100 が 入った ひきざんでは，10 の まとまりが いくつかを かんがえる。

21

かくにんもんだい

1 うんこが　ぎゅうぎゅうに　つまった　おどうぐばこが　60ぱこ　あります。その　うち，30ぱこを　くばりました。のこった　おどうぐばこは　なんぱこですか。

しき　60 − 30 ＝ □

こたえ　＿＿＿ぱこ

2 うんこが　ぎゅうぎゅうに　つまった　ペットボトルが　50本(ぽん)　あります。その　うち，40本(ぽん)を　くばりました。のこった　ペットボトルは　なん本(ぼん)ですか。

しき　□ − □ ＝ □

こたえ　＿＿＿

3 うんこが　ぎゅうぎゅうに　つまった　バスが　70だい　はしって　います。その　うち，20だいが　とまりました。まだ　はしって　いる　バスは　なんだいですか。

しき

こたえ　＿＿＿

4 うんこを　ポケットに　ぎゅうぎゅうに　つめた　おじさん　100人(にん)が　おどって　います。その　うち，10人(にん)は　おどるのを　やめました。まだ　おどって　いる　おじさんは　なん人(にん)ですか。

しき

こたえ　＿＿＿

れんしゅうもんだい

1 100円を　もって　かいものに　いきました。その　お金で　80円の　うんこを　かいました。のこった　お金は　なん円ですか。

しき

こたえ ＿＿＿＿＿＿

2 れいぞうこの　中に，メロンが　10こ，うんこが　70こ　入って　います。どちらが　どれだけ　おおいですか。

しき

こたえ ＿＿＿＿＿＿が＿＿＿＿＿＿おおい。

3 カラスが　60わ　とんで　います。その　うち　20わが　うんこを　もって　います。うんこを　もって　いない　カラスは　なんわですか。

しき

こたえ ＿＿＿＿＿＿

4 うんこに　はりで　小さな　あなを　40こ　あけました。つぎの　日　見ると，あなが　10こ　ふさがって　いました。まだ　ふさがって　いない　あなは　なんこですか。

しき

こたえ ＿＿＿＿＿＿

22 いわのように かたい うんこ
～大(おお)きい かずの ひきざん 3～

いわのように　かたくて　大(おお)きい　うんこが　どうろを　ふさいで　います。にんげんの　力(ちから)では　どう　する　ことも　できませんでした。

そこで，おにを　38人(にん)　よんで，金(かな)ぼうで　うんこを　こわして　もらいました。

1

こわす　とちゅうで，５人の
おにが　かえって　しまいました。
のこった　おには　なん人ですか。

しきを　かいて　こたえを　もとめましょう。

38を 30と 8に わけて かんがえて みるのじゃ。

しき

こたえ ＿＿＿＿＿＿ 人

スーパーうんこもんだい

５人の　おには，どうして　とちゅうで
かえったのかな？　１つ　えらんで　◯で　かこもう！

ヒント　かえった　おには，おこって　いたみたいだよ。

- あ　うんこが　かたすぎて，つかれて　しまったから。
- い　つぎの　ようじを　おもい出したから。
- う　ギャラが　やすかったから。
  ※ギャラ…はたらく　おれいで　もらう　お金などの　こと。

2

１の　あと，さらに　３人の　おにが
「おなかが　いたい」と　いって，
トイレに　いって　しまいました。
のこった　おには　なん人ですか。

しきを　かいて　こたえを　もとめましょう。

しき

こたえ ＿＿＿＿＿＿ 人

さんすうポイント｜一のくらいどうしを けいさんしよう。

かくにんもんだい

1 大きな　うんこが　たおれそうなので，おにを　28人　よんで　ささえて　もらいました。とちゅうで　6人が　かえりました。のこった　おには　なん人ですか。

しき　28 － 6 ＝ ☐

こたえ ＿＿＿＿ 人

2 山の　上から　うんこが　ごろごろ　ころがって　くるので，おにを　34人　よんで，金ぼうで　うちかえして　もらいました。とちゅうで　3人が　かえりました。のこった　おには　なん人ですか。

しき　☐ － ☐ ＝ ☐

こたえ ＿＿＿＿

3 うんこを　のせた　ふねが　しずんで　しまったので，おにを　49人　よんで，ふねを　りくに　上げて　もらいました。とちゅうで　4人が　かえりました。のこった　おには　なん人ですか。

しき

こたえ ＿＿＿＿

4 おにの　うんこが　見たいので，おにを　88人　あつめました。8人は　うんこが　出ませんでしたが，のこりの　おには　みんな　出ました。うんこが　出た　おには　なん人ですか。

しき

こたえ ＿＿＿＿

れんしゅうもんだい

1 おかあさんは，とても　あまくて
おいしい　プリンを　5こ　かって
きました。おとうさんは，うんこを　26こ
かって　きました。うんこは　プリンより
なんこ　おおいですか。

しき

こたえ ＿＿＿＿＿＿

2 本(ほん)が　58さつ　あります。その　うちの　4さつが
うんこまみれで　よむ　ことが　できません。うんこまみれでは
ない　本(ほん)は　なんさつ　ありますか。

しき

こたえ ＿＿＿＿＿＿

3 先生(せんせい)の　つくえの　上(うえ)に　うんこが　89こ　つんで　あります。
つくえが　ゆれて，7こが　ゆかに　おちました。まだ
つくえの　上(うえ)に　つんで　ある　うんこは　なんこですか。

しき

こたえ ＿＿＿＿＿＿

4 おとうさんが　にわに　じぶんの　うんこ　74こを
ならべました。ねこが　きて，4こ　ふみつぶしました。
ふまれて　いない　うんこは　なんこですか。

しき

こたえ ＿＿＿＿＿＿

うんこショップの ぎょうれつ
～いくつかな 1～

こういちくんと　はやとくんが　あるいて　いると，
うんこショップの　そとに　人が　ならんで　いました。

よく　見て　みると，まえから　2ばん目に　校長先生が
いました。校長先生の　うしろには　5人　いました。

1 みんなで　なん人　ならんで　いますか。

ずの ? の かずを もとめるぞい。

↓ ずを　もとに　して，しきと　こたえを　かきましょう。

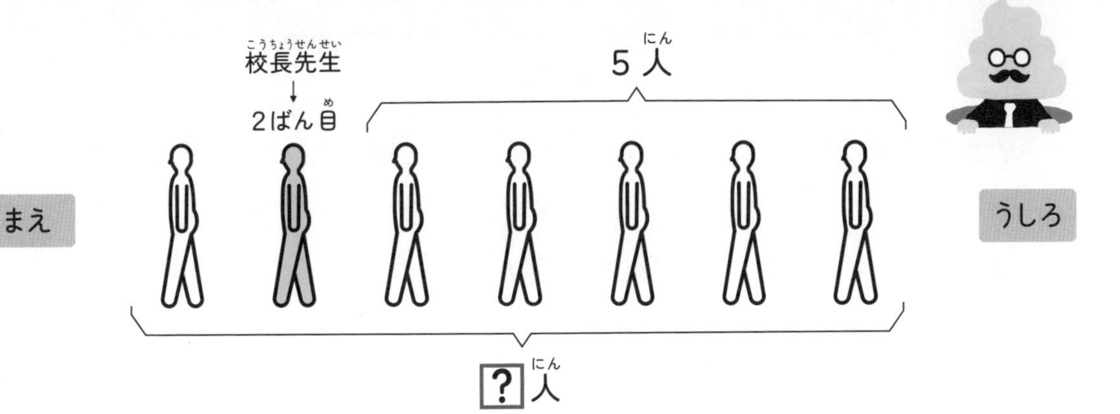

しき

こたえ ＿＿＿＿ 人

2 1で　ならんだ　人の　うち，まえから　4ばん目の　人までは　うんこを　かう　ことが　できました。うんこを　かえなかった　人は　なん人ですか。

↓ ずを　もとに　して，しきと　こたえを　かきましょう。

4ばん目

まえ　　　　　　　　うしろ

4人　　　?人

しき

こたえ ＿＿＿＿ 人

さんすうポイント｜かずや じゅんばんが わかりにくい ときは，ずに あらわすと かんがえやすい。

かくにんもんだい

1 うんこショップに　人が　ならんで　います。おかあさんは　まえから　2ばん目に　います。おかあさんの　うしろには　6人　います。みんなで　なん人　ならんで　いますか。

おかあさん
↓
2ばん目

（ 6 ）人

まえ　●●●●●●●●　うしろ

しき

こたえ ＿＿＿＿人

2 ライオンの　うんこを　見たい　人が，おりの　まえに　ならんで　います。ぼくは　まえから　5ばん目に　います。ぼくの　うしろには　8人　います。みんなで　なん人　ならんで　いますか。

ぼく
↓
5ばん目

（　　）人

まえ　●●●●●●●●●●●●●　うしろ

しき

こたえ ＿＿＿＿

3 13びきの　ウンコムシが，すに　入ろうと　ならんで　います。まえから　6ばん目の　ウンコムシまでが　すの　中に　入りました。まだ　ならんで　いる　ウンコムシは　なんびきですか。

（　　）びき

まえ　●●●●●●●●●●●●●　うしろ

6ばん目

しき

こたえ ＿＿＿＿

れんしゅうもんだい

がんばったね シール(しいる)を はって もらおう。

1 みんなの　うんこを　たくさん　つみかさねました。ぼくの うんこは　上(うえ)から　3ばん目(め)で，その　下(した)に　6こ　あります。ぜんぶで　なんこの　うんこを　つみかさねましたか。

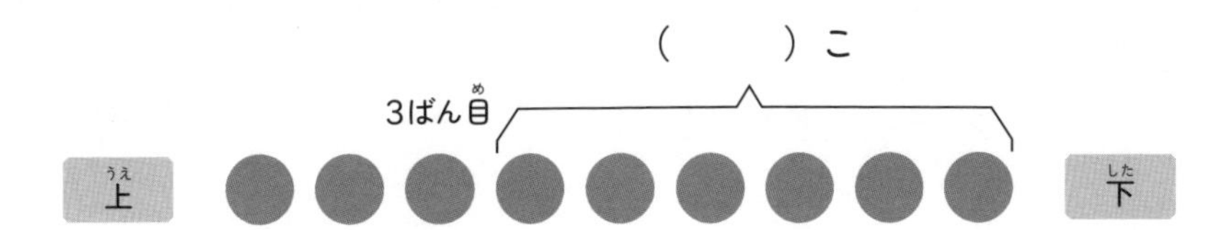

しき

こたえ ＿＿＿＿＿＿

2 15この　うんこを　すべりだいから　1こずつ　すべらせます。いま，9こ目(め)の　うんこまで　すべらせました。のこりの うんこは　あと　なんこですか。

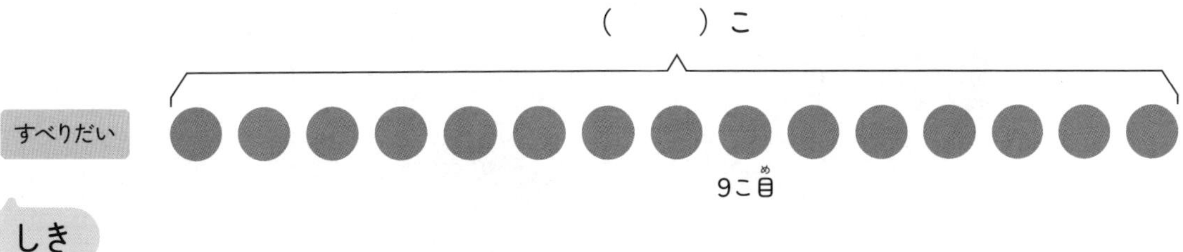

しき

こたえ ＿＿＿＿＿＿

3 12人(にん)で　うんこが　大(おお)きかった　じゅんに　ならびました。ぼくは　7ばん目(め)に　大(おお)きかったです。ぼくより　うんこが 小(ちい)さかった　人(ひと)は　なん人(にん)ですか。

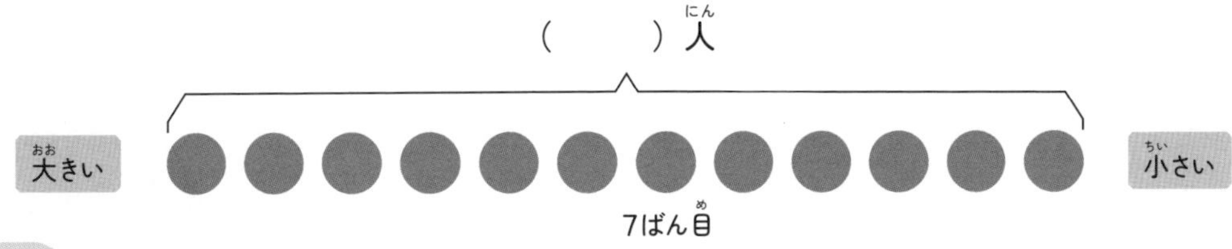

しき

こたえ ＿＿＿＿＿＿

うんこを がまんする アイドル

～いくつかな 2～

5人ぐみの　アイドルグループが，ファンと　あく手会を　して　います。

しかし，アイドル　ぜんいんが　うんこを　がまんして　います。もう　げんかいのようです。

あく手会が　おわったら，ぜんいん　トイレに　かけこむ　つもりですが，トイレは　3こしか　ありません。

1 ずの □ に 入る かずを かきましょう。

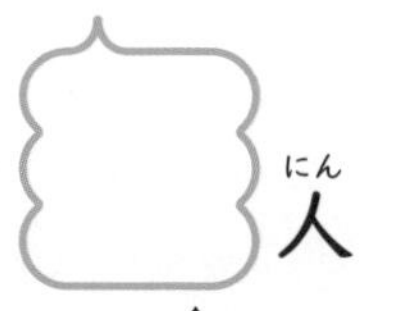

人

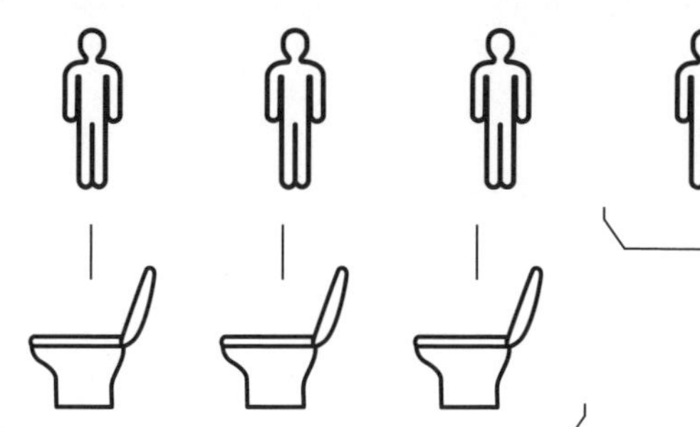

こ

2 なん人の アイドルが, トイレに 入れずに うんこを もらす ことに なりますか。

しきを かいて こたえを もとめましょう。

しき

こたえ ＿＿＿＿ 人

スーパーうんこもんだい

つぎの 5人の うち, うんこを もらしたと おもう 人 ぜんいんに ◯を つけよう！

ヒント もらした 人は, こまった かおを して いるね。

さんすうポイント | ずを つかうと, それぞれの かずの ちがいが わかりやすい。

かくにんもんだい

1 7人ぐみの　アイドルグループが　うんこを　がまんしながら　うたって　います。トイレは　2こしか　ありません。なん人が　トイレに　入れずに　うんこを　もらす　ことに　なりますか。

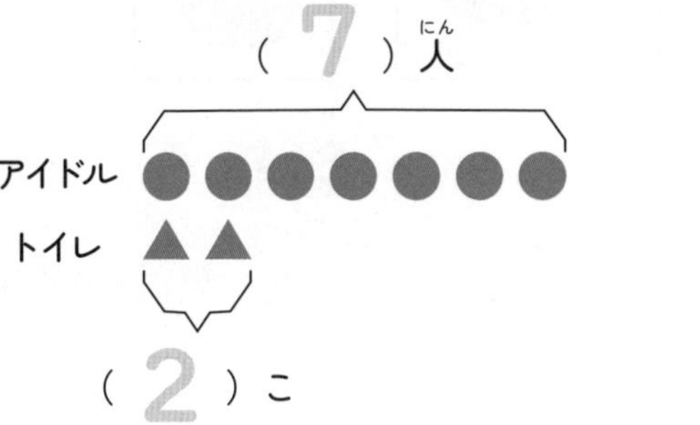

しき

こたえ ＿＿＿＿ 人

2 9人ぐみの　アイドルグループが　うんこを　がまんしながら　おどって　います。トイレは　8こしか　ありません。なん人が　トイレに　入れずに　うんこを　もらす　ことに　なりますか。

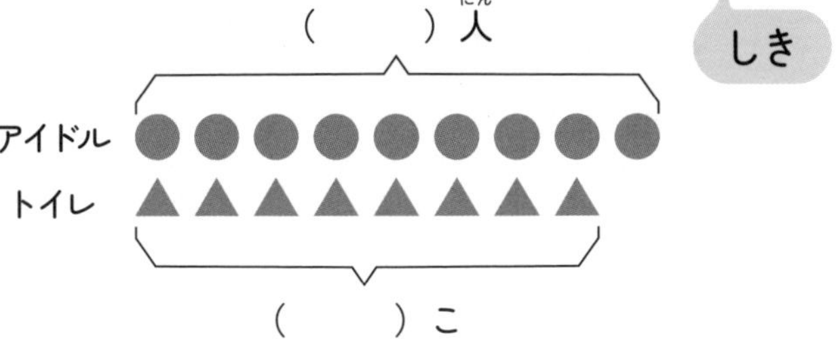

しき

こたえ ＿＿＿＿

3 6人ぐみの　アイドルグループが　うんこを　がまんしながら　インタビューを　うけて　います。トイレは　4こだけです。なん人が　トイレに　入れずに　うんこを　もらす　ことに　なりますか。

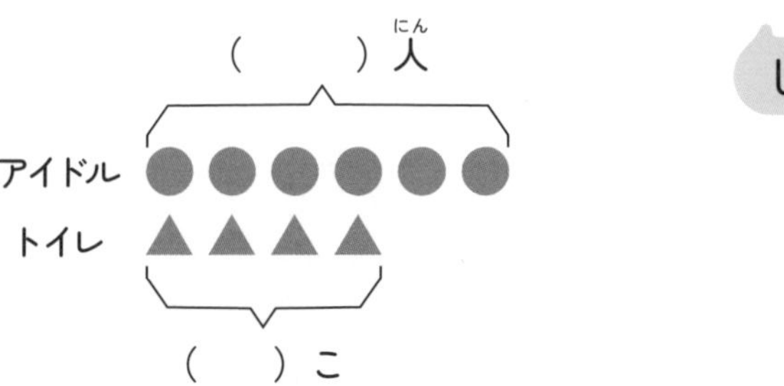

しき

こたえ ＿＿＿＿

れんしゅうもんだい

がんばったね シールを はって もらおう。

1 8人の　子どもが　こうえんで　あそんで　いると，うんこが 雨のように　ふって　きました。かさは　2本しか　ありません。かさを　1人　1本ずつ　つかうと，なん人が　うんこまみれに なりますか。

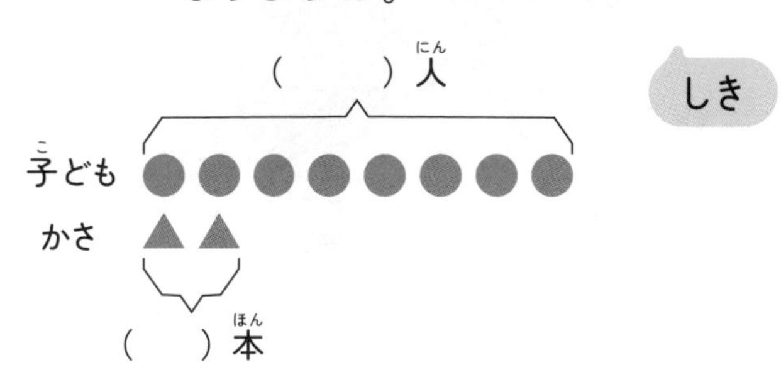

しき

こたえ ＿＿＿＿＿＿

2 ろうそくが　6本　あります。8この　うんこに　1本ずつ さすには，ろうそくは　なん本　たりませんか。

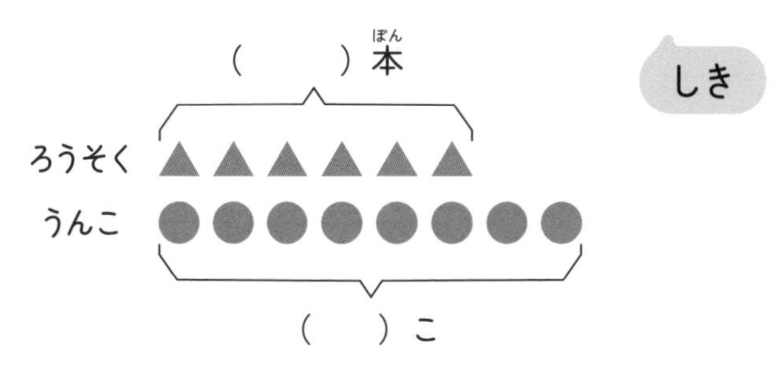

しき

こたえ ＿＿＿＿＿＿

3 あたまに　うんこを　1こずつ　のせた　おじさんが　4人 います。うんこは　あと　3こ　あります。うんこは　ぜんぶで なんこ　ありますか。

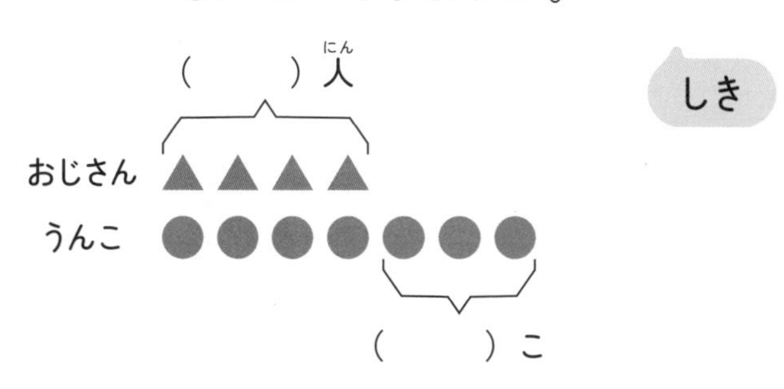

しき

こたえ ＿＿＿＿＿＿

25 「うんこけり」の あそび

～いくつかな 3～

うんこけり

「うんこけり」は，日本(にっぽん)に
ふるくから　つたわる　あそびです。
うんこを　じめんに　おとさない
ように　足(あし)や　からだを
つかって　はずませます。

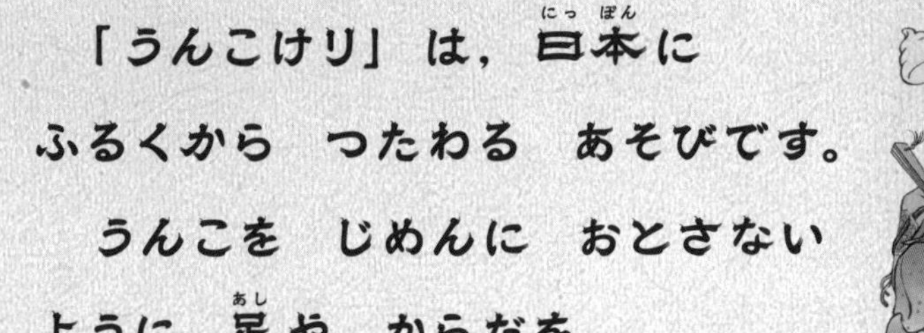

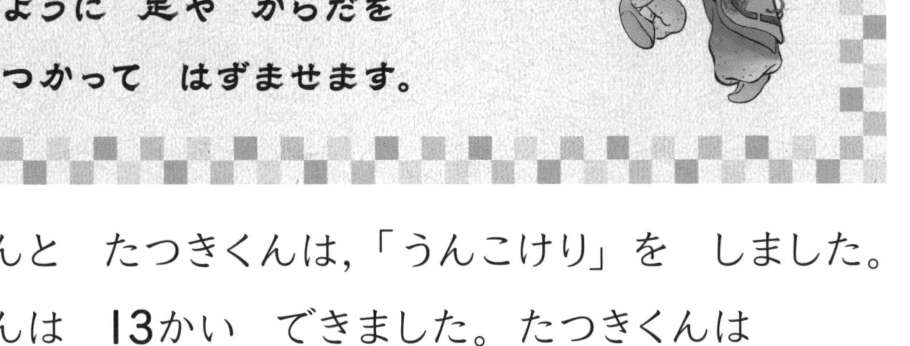

おとうさんと　たつきくんは，「うんこけり」を　しました。
おとうさんは　13かい　できました。たつきくんは
おとうさんより　4かい　すくなかったそうです。

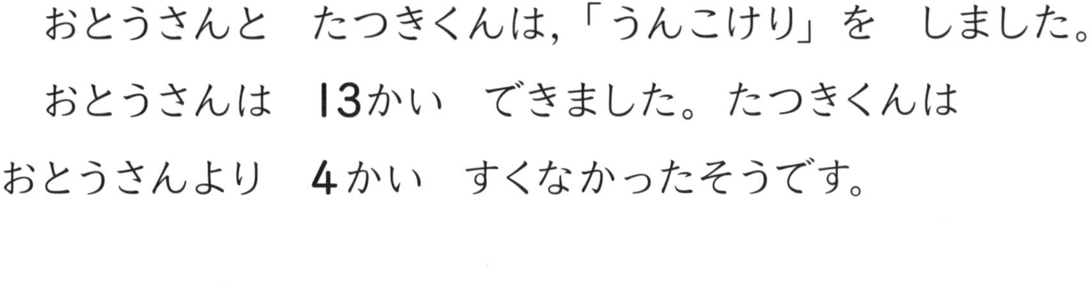

1 ずの　に　入(はい)る　かずを　かきましょう。

102ページの おはなしを よんで、 に 入(はい)る かずを かくのじゃ。

かい

おとうさん

たつき

?かい

かい
すくない

2 たつきくんは、「うんこけり」を　なんかい　する　ことが　できましたか。

しきを　かいて　こたえを　もとめましょう。

しき

こたえ ＿＿＿＿かい

スーパーうんこもんだい

つぎの　うち、「うんこけり」の　ゆうめいな　わざは　どれかな？　1つ　えらんで　◯(まる)で　かこもう！

ヒント　つぎの　ページで　わざを　しょうかいして　いるよ！

あ　うんこパンチ

い　ジャンピング　うんこ

う　さかさうんこの　まい

さんすうポイント　ずを　つかうと、かずが　どれだけ　すくないかや　おおいかが　わかりやすい。

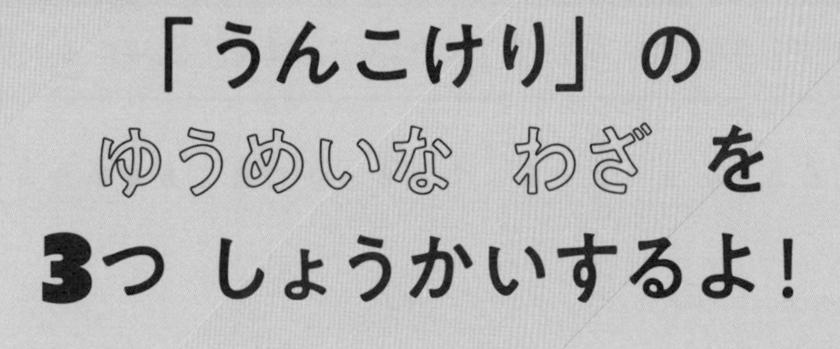

「うんこけり」の ゆうめいな わざ を 3つ しょうかいするよ！

1 すべりだい

ふとももから つま先(さき)までを つかって
うんこを ころがして，さいごに 空(そら)に
けり上(あ)げる。

2 かにあるき

かにのように よこに うごきながら，
ふとももで うんこを はずませる。

3 さかさうんこの まい

さか立(だ)ちを して，
りょうほうの 足(あし)の うらで
うんこを おとさないように
リズムよく けりつづける。

きみは，
「うんこけり」を
なんかい
できるかな？

れんしゅうもんだい

1 はやとくんは　7かい，　おかあさんは　はやとくんより　11かい　おおく「うんこけり」を　しました。おかあさんは「うんこけり」を　なんかい　しましたか。

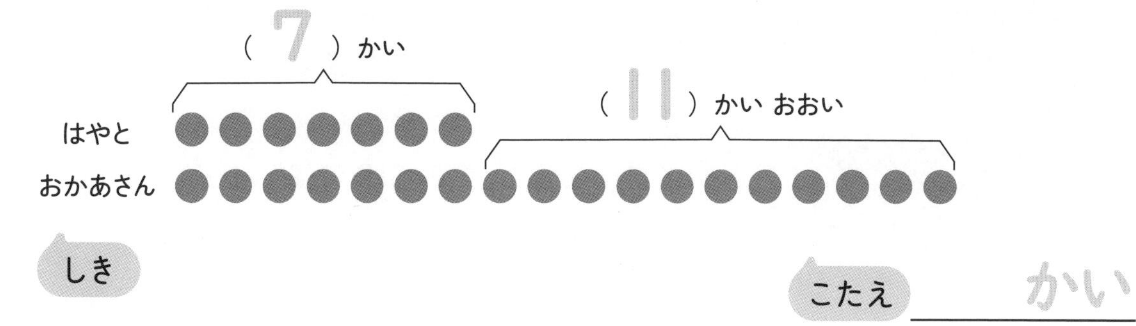

しき

こたえ ＿＿＿＿かい

2 おにいちゃんは　ことし　うんこを　4かい　もらしました。おとうさんは　おにいちゃんより　5かい　おおく　もらしました。おとうさんは　ことし　なんかい　うんこを　もらしましたか。

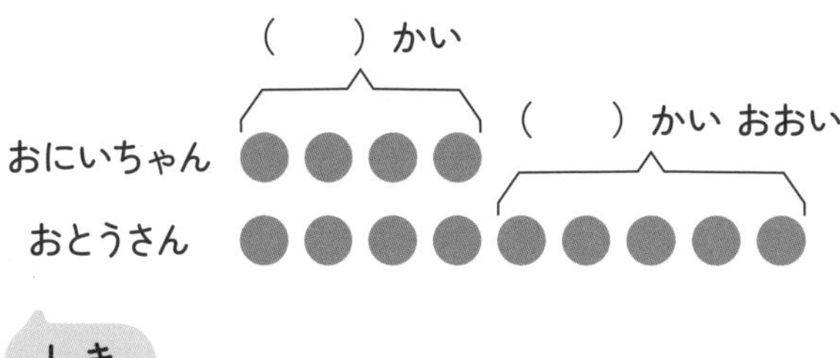

しき

こたえ ＿＿＿＿

3 ひまわりの　えが　13まい　あります。うんこの　えは　ひまわりの　えより　6まい　すくないそうです。うんこの　えは　なんまい　ありますか。

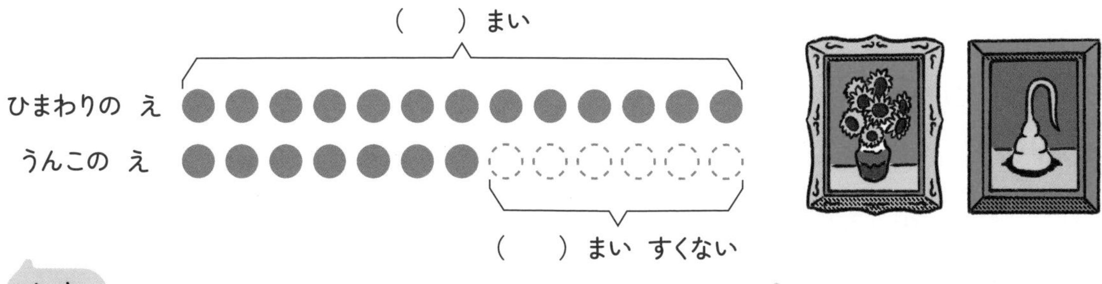

しき

こたえ ＿＿＿＿

まとめテスト

たいへん よく
できました
シールを
はって
もらおう。

目ひょう じかん **20**ぷん

とくてん〈1もん　10てん〉

／100てん

こうえんに　いくと，うんこを　もって　おどって　いる
男の子が　5人と，女の子が　3人　いました。うんこを
もって　おどって　いる　子どもは，みんなで　なん人ですか。

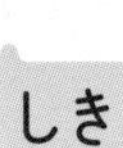

しき

こたえ ＿＿＿＿＿＿

川の　水で　うんこを　9こ　ひやして　いました。その
うちの　6こが　ながれて　いって　しまいました。うんこは
なんこ　のこって　いますか。

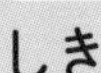

しき

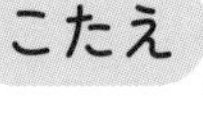

こたえ ＿＿＿＿＿＿

3

おとうさんが　うんこの　本を　15さつ
かって　きました。ともだちに
5さつ　あげました。つぎの　日，
おかあさんが　うんこの　本を　8さつ
かって　きました。うんこの　本は
なんさつに　なりましたか。
1つの　しきに　かいて　こたえましょう。

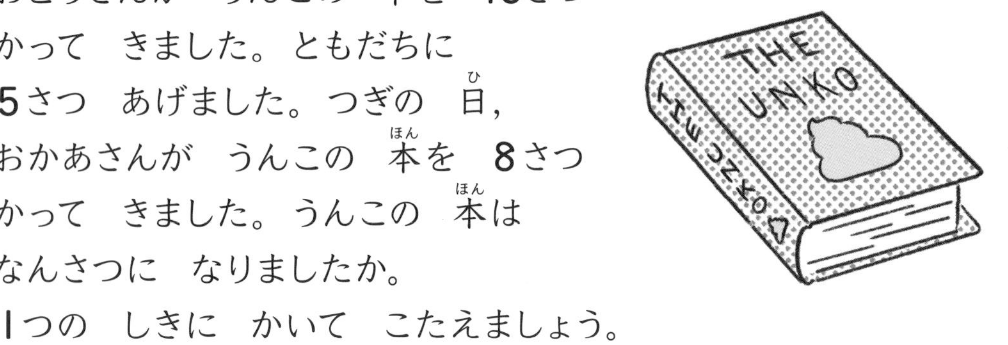

しき

こたえ ＿＿＿＿＿＿

4 どうろに　おちて　いる　うんこを，4だいの　バスが　ふんづけて　いきました。その　あと，8だいの　バスが　ふんづけて　いきました。ぜんぶで　なんだいの　バスが，うんこを　ふんづけて　いきましたか。

しき

こたえ ＿＿＿＿＿＿

5 うんこの　しゃしんが　5まい，さくらの　しゃしんが　14まい　あります。さくらの　しゃしんは，うんこの　しゃしんより　なんまい　おおいですか。

しき

こたえ ＿＿＿＿＿＿

6 70この　うんこが　空(そら)から　ふって　きました。その　うち　30こを　キャッチしました。キャッチできなかった　うんこは　なんこですか。

しき

こたえ ＿＿＿＿＿＿

7 七夕(たなばた)の　かざりに　うんこが　31こ　ぶら下(さ)がって　います。さらに　5こ　ふえました。うんこは　ぜんぶで　なんこに　なりましたか。

しき

こたえ ＿＿＿＿＿＿

8 かわいい　うんこが　95円(えん)で　うられて　います。さいふには，5円(えん)しか　入(はい)って　いませんでした。かわいい　うんこを　かうには，なん円(えん)　たりませんか。

しき

こたえ ________

9 トラックが　ならんで　います。まえから　8だい目(め)の　トラックには，うんこが　つんで　あります。その　うしろに　2だい　ならんで　います。トラックは　ぜんぶで　なんだいですか。

8だい目(め)

まえ　●●●●●●●●●●　うしろ

しき

こたえ ________

10 ライオンと　トラが　うんこを　とりあって　います。ライオンは　6とうで，トラは　ライオンよりも　3とう　おおく　います。トラは　なんとう　いますか。

ライオン　●●●●●●　3とう　おおい

トラ　●●●●●●●●●

しき

こたえ ________

こたえ

1 ふえると いくつ

2・3ページ

2 しき 5＋2＝7
こたえ 7こ

3 しき 7＋1＝8
こたえ 8こ

4ページ

かくにんもんだい

1 しき 2＋3＝5
こたえ 5こ

2 しき 6＋2＝8
こたえ 8こ

3 しき 1＋8＝9
こたえ 9こ

5ページ

れんしゅうもんだい

1 しき 2＋7＝9
こたえ 9ほん

2 しき 4＋5＝9
こたえ 9とう

3 しき 5＋3＝8
こたえ 8こ

2 あわせて いくつ

6ページ

1 しき 4＋3＝7
こたえ 7にん

6・7ページ

2 しき 7＋3＝10
こたえ 10にん

スーパーうんこもんだい

8ページ

かくにんもんだい

1 しき 5＋4＝9
こたえ 9にん

2 しき 6＋3＝9
こたえ 9にん

3 しき 4＋6＝10
こたえ 10にん

9ページ

れんしゅうもんだい

1 しき 5＋2＝7
こたえ 7こ

2 しき 3＋6＝9
こたえ 9にん

3 しき 9＋1＝10
こたえ 10こ

3 のこりは いくつ

10・11ページ

1 （1） こたえ 7ひき
（2） こたえ 3びき

2 しき 7－4＝3
こたえ 3びき

14ページ

かくにんもんだい

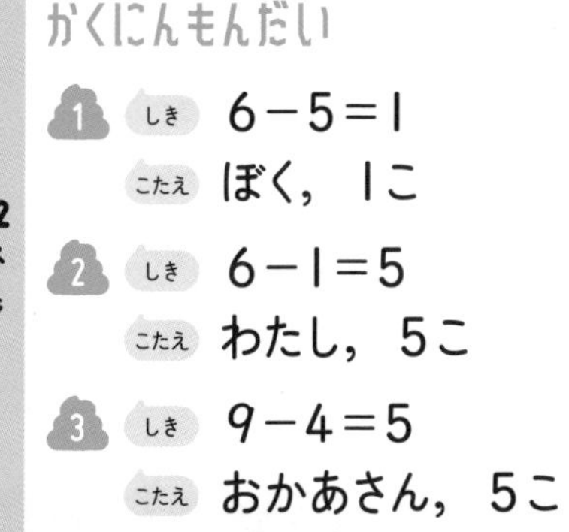

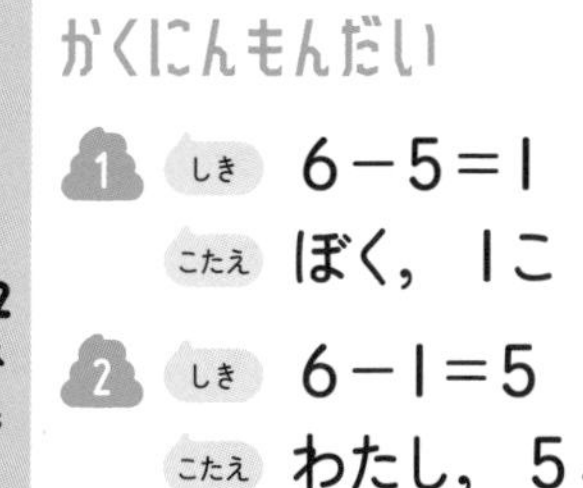

1 しき $8-3=5$
こたえ 5ひき

2 しき $9-5=4$
こたえ 4ひき

3 しき $6-2=4$
こたえ 4こ

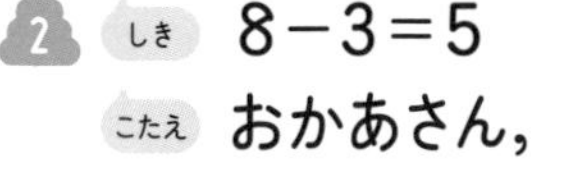

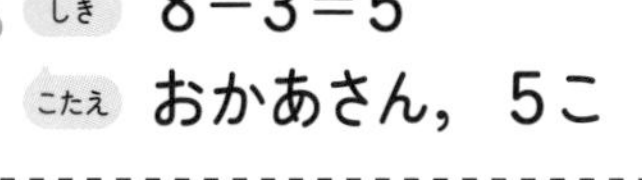

15ページ

れんしゅうもんだい

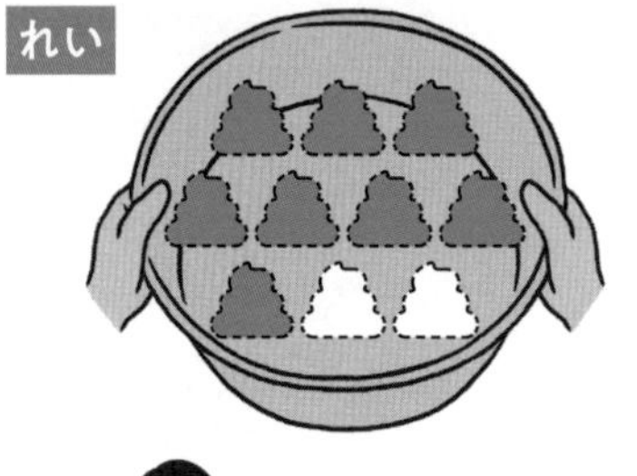

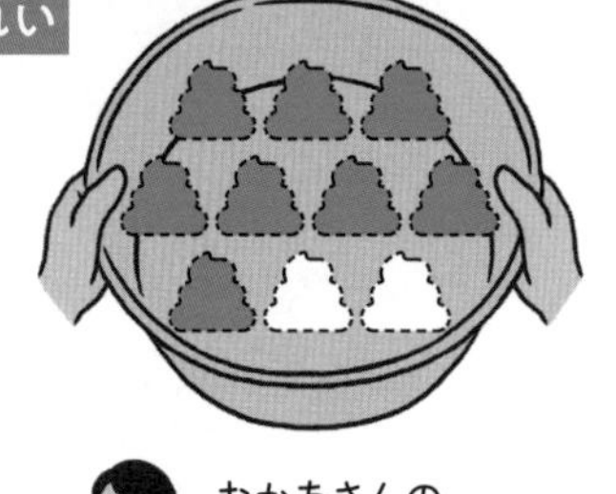

1 しき $6-3=3$
こたえ 3こ

2 しき $7-6=1$
こたえ 1こ

3 しき $9-6=3$
こたえ 3にん

4 ちがいは いくつ

16・17ページ

1

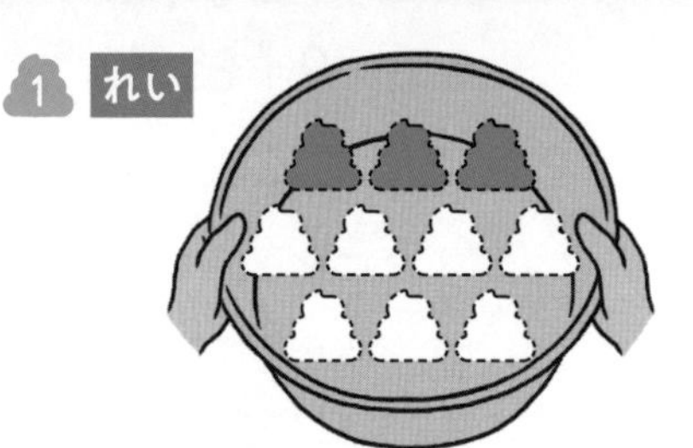

2 おにいちゃん

3 しき $7-5=2$
こたえ 2こ

スーパーうんこもんだい い

18ページ

かくにんもんだい

1 しき $5-3=2$
こたえ 2こ

2 しき $8-2=6$
こたえ 6こ

3 しき $3-2=1$
こたえ 1こ

19ページ

れんしゅうもんだい

1 しき $5-4=1$
こたえ 1こ

2 しき $8-4=4$
こたえ 4まい

3 しき $8-5=3$
こたえ 3にん

5 どちらが おおい

20・21ページ

1 れい

れい

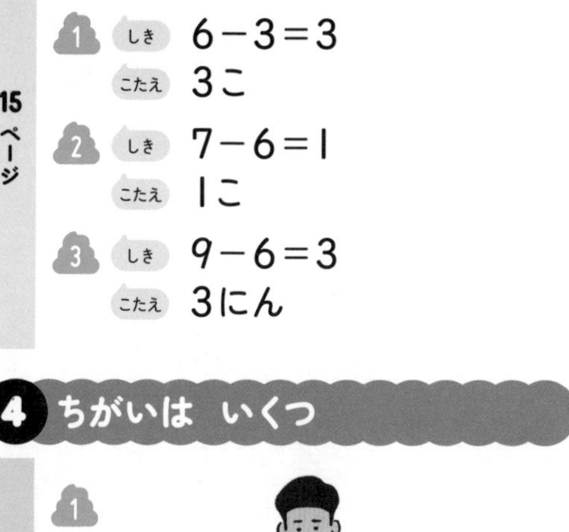

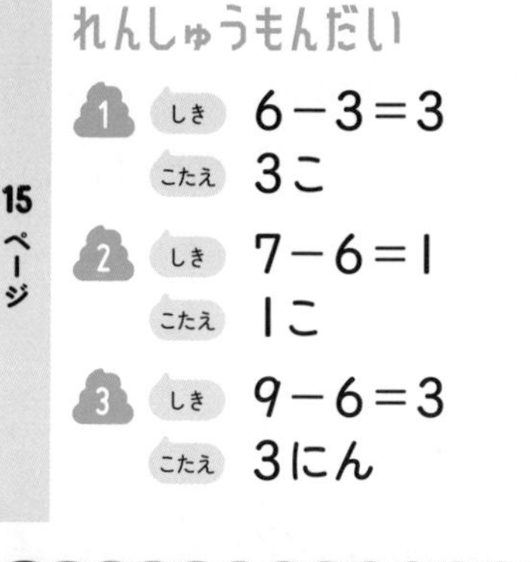

2 しき $8-3=5$
こたえ おかあさん, 5こ

22ページ

かくにんもんだい

1 しき $6-5=1$
こたえ ぼく, 1こ

2 しき $6-1=5$
こたえ わたし, 5こ

3 しき $9-4=5$
こたえ おかあさん, 5こ

23ページ

れんしゅうもんだい

1 しき 8−1=7
こたえ コアラ，7こ

2 しき 6−3=3
こたえ しろ，3にん

3 しき 7−5=2
こたえ うんこ，2だい

6 0の けいさん

24・25ページ

1 しき 4−4=0
こたえ 0こ

2 もらえなかった

スーパーうんこもんだい ㋒

27ページ

れんしゅうもんだい

1 しき 3+0=3
こたえ 3こ

2 しき 6−0=6
こたえ 6こ

3 しき 5−5=0
こたえ 0ひき

4 しき 8−0=8
こたえ 8かい

7 大きい かずの たしざん 1

28ページ

1

28・29ページ

2

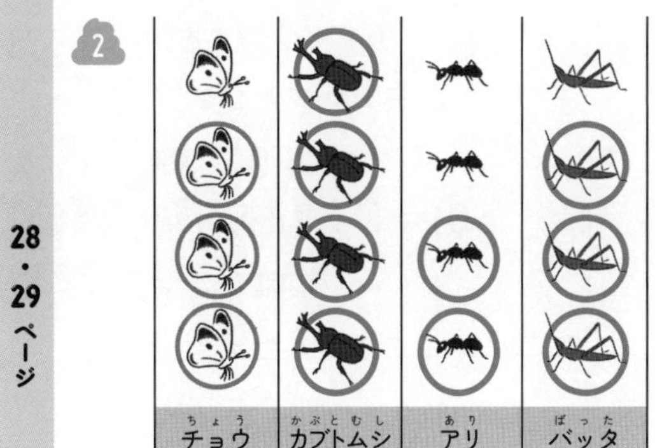

3 しき 12+5=17
こたえ 17ひき

30ページ

かくにんもんだい

1 しき 16+3=19
こたえ 19ひき

2 しき 11+5=16
こたえ 16ぴき

3 しき 14+1=15
こたえ 15ひき

4 しき 10+4=14
こたえ 14ひき

31ページ

れんしゅうもんだい

1 しき 12+6=18
こたえ 18こ

2 しき 13+3=16
こたえ 16だい

3 しき 15+3=18
こたえ 18かい

4 しき 10+7=17
こたえ 17こ

8 10に なる ひきざん

32ページ

1 れい

32・33ページ

2 しき 13−3＝10
こたえ 10こ

スーパーうんこもんだい ㋒

35ページ

れんしゅうもんだい

1 しき 19−9＝10
こたえ 10ぽん

2 しき 12−2＝10
こたえ 10だい

3 しき 16−6＝10
こたえ 10こ

4 しき 18−8＝10
こたえ パイナップル, 10こ

9 大きい かずの ひきざん 1

36・37ページ

1 れい

●●●●●●●●●●（5こに×）
●●●●●●●

2 しき 17−5＝12
こたえ 12こ

3 しき 12−0＝12
こたえ 12こ

40ページ

かくにんもんだい

1 しき 19−8＝11
こたえ 11こ

2 しき 16−3＝13
こたえ 13こ

3 しき 14−2＝12
こたえ 12こ

4 しき 18−2＝16
こたえ 16こ

41ページ

れんしゅうもんだい

1 しき 17−5＝12
こたえ 12ページ

2 しき 15−4＝11
こたえ 11こ

3 しき 18−3＝15
こたえ 15にん

4 しき 13−2＝11
こたえ 11まい

10 3つの かずの たしざん

42・43ページ

1 ①○ ②○ ③×

2 しき 2+3+5＝10
こたえ 10こ

44ページ

かくにんもんだい

1 しき 1+2+3＝6
こたえ 6こ

2 しき 2+1+6＝9
こたえ 9かい

3 しき 5+4+1＝10
こたえ 10こ

4 しき 1+5+3＝9
こたえ 9こ

45ページ

れんしゅうもんだい

1 しき 2+3+4＝9
こたえ 9こ

2 しき 6+1+1＝8
こたえ 8ほん

3 しき 3+4+3＝10
こたえ 10にん

4 しき 2+4+1＝7
こたえ 7だい

11 3つの かずの ひきざん

46・47ページ

1 れい

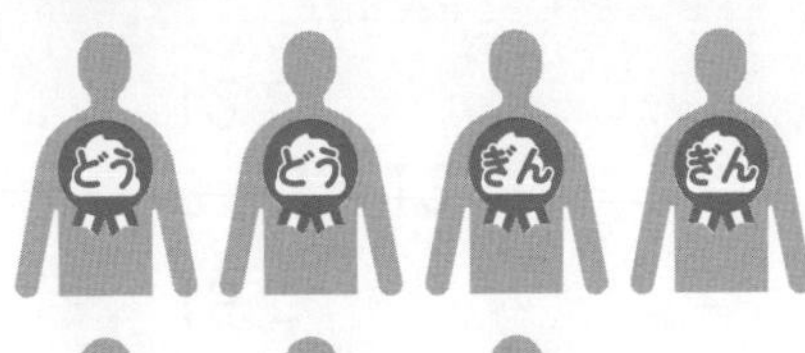

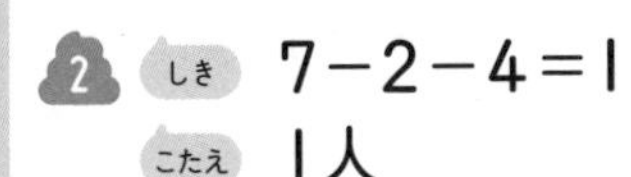

2 しき 7−2−4=1
こたえ 1人

スーパーうんこもんだい

48ページ

かくにんもんだい

1 しき 8−3−2=3
こたえ 3びき

2 しき 7−1−2=4
こたえ 4本

3 しき 5−2−2=1
こたえ 1こ

4 しき 10−4−2=4
こたえ 4人

49ページ

れんしゅうもんだい

1 しき 10−2−6=2
こたえ 2こ

2 しき 8−4−3=1
こたえ 1まい

3 しき 7−3−1=3
こたえ 3こ

4 しき 9−3−4=2
こたえ 2とう

12 3つの かずの けいさん 1

50・51ページ

1 ①× ②○ ③×

2 しき 6−5+3=4
こたえ 4人

53ページ

れんしゅうもんだい

1 しき 6−2+4=8
こたえ 8こ

2 しき 4−3+2=3
こたえ 3こ

3 しき 5+2−6=1
こたえ 1ぴき

4 しき 7−4+7=10
こたえ 10本

13 3つの かずの けいさん 2

54・55ページ

1 しき 18−8+6=16
こたえ 16こ

2 2こ

スーパーうんこもんだい ㋒

56ページ

かくにんもんだい

1 しき 14−4+3=13
こたえ 13こ

2 しき 18−7+5=16
こたえ 16こ

3 しき 10+5−4=11
こたえ 11こ

56ページ

4 しき $11+7-5=13$
こたえ 13こ

れんしゅうもんだい

57ページ

1 しき $16-6+8=18$
こたえ 18人

2 しき $10+9-7=12$
こたえ 12ひき

3 しき $11+8-9=10$
こたえ 10まい

4 しき $10-6+10=14$
こたえ 14こ

14 たしざん 1

58・59ページ

1 しき $9+4=13$
こたえ 13こ

2 しき $13+2=15$
こたえ 15こ

スーパーうんこもんだい

れい おとうさん，ある，100

かくにんもんだい

60ページ

1 しき $8+4=12$
こたえ 12こ

2 しき $6+5=11$
こたえ 11こ

3 しき $9+6=15$
こたえ 15こ

4 しき $9+3=12$
こたえ 12こ

れんしゅうもんだい

61ページ

1 しき $8+3=11$
こたえ 11こ

2 しき $9+5=14$
こたえ 14かい

3 しき $7+5=12$
こたえ 12けん

4 しき $9+8=17$
こたえ 17人

15 たしざん 2

62〜64ページ

1

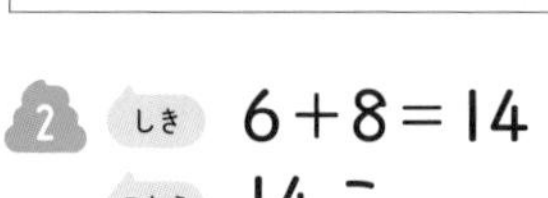

2 しき $6+8=14$
こたえ 14こ

64ページ

スーパーうんこもんだい　い

65ページ

れんしゅうもんだい

1 しき 5＋8＝13
こたえ 13こ

2 しき 5＋7＝12
こたえ 12人

3 しき 4＋7＝11
こたえ 11こ

4 しき 8＋9＝17
こたえ 17とう

16 ひきざん 1

66・67ページ

1 れい

2 しき 12－9＝3
こたえ 3こ

68ページ

かくにんもんだい

1 しき 15－9＝6
こたえ 6こ

2 しき 16－8＝8
こたえ 8こ

3 しき 16－7＝9
こたえ 9こ

4 しき 18－9＝9
こたえ 9こ

69ページ

れんしゅうもんだい

1 しき 17－8＝9
こたえ 9こ

2 しき 16－9＝7
こたえ 7人

3 しき 15－7＝8
こたえ 8はこ（ぱこ）

4 しき 17－9＝8
こたえ 8人

17 ひきざん 2

70・71ページ

1 しき 11－3＝8
こたえ 8本

2 しき 8＋2－3＝7
こたえ 7本

72ページ

かくにんもんだい

1 しき 12－5＝7
こたえ 7本

2 しき 11－5＝6
こたえ 6本

3 しき 13－4＝9
こたえ 9本

4 しき 11－2＝9
こたえ 9本

73ページ

れんしゅうもんだい

1 しき 13－5＝8
こたえ 8こ

2 しき 14－5＝9
こたえ 9本

3 しき 12－3＝9
こたえ 9こ

4 しき 11－4＝7
こたえ 7はい

18 大きい　かずの　たしざん 2

74・75ページ

1 しき 30＋20＝50
こたえ 50人

2 しき 50＋40＝90
こたえ 90人

76ページ

かくにんもんだい

1 しき 20＋70＝90
こたえ 90人

2 しき 30＋50＝80
こたえ 80人

3 しき 40＋10＝50
こたえ 50人

4 しき 50＋20＝70
こたえ 70人

77ページ

れんしゅうもんだい

1 しき 20＋30＝50
こたえ 50円

2 しき 60＋20＝80
こたえ 80さつ

3 しき 30＋60＝90
こたえ 90かい

4 しき 80＋20＝100
こたえ 100こ

19 大きい　かずの　たしざん 3

78ページ

1

78・79ページ

2 しき 20＋8＝28
こたえ 28こ

スーパーうんこもんだい

Ⓐ1 Ⓘ1 Ⓤ1 Ⓔ4 Ⓞ4

(あ)1 (い)1 (う)1 (え)4 (お)4

80ページ

かくにんもんだい

1 しき 20＋3＝23
こたえ 23こ

2 しき 30＋9＝39
こたえ 39こ

3 しき 50＋5＝55
こたえ 55こ

4 しき 7＋60＝67
こたえ 67こ

81ページ

れんしゅうもんだい

1 しき 70＋7＝77
こたえ 77かい

2 しき 40＋6＝46
こたえ 46だい

3 しき 20＋8＝28
こたえ 28だん

4 しき 6＋80＝86
こたえ 86人

20 大きい　かずの　たしざん 4

82・83ページ

1 れい

82・83ページ

2 しき $31+6=37$
こたえ 37こ

スーパーうんこもんだい い

84ページ

かくにんもんだい

1 しき $25+4=29$
こたえ 29こ

2 しき $33+5=38$
こたえ 38こ

3 しき $52+7=59$
こたえ 59こ

4 しき $61+6=67$
こたえ 67こ

85ページ

れんしゅうもんだい

1 しき $21+4=25$
こたえ 25こ

2 しき $34+5=39$
こたえ 39まい

3 しき $42+6=48$
こたえ 48かい

4 しき $3+75=78$
こたえ 78かい

21 大きい　かずの　ひきざん 2

86・87ページ

1 しき $70-20=50$
こたえ 50ぱこ

2 しき $100-50=50$
こたえ 50ぱこ

スーパーうんこもんだい い

88ページ

かくにんもんだい

1 しき $60-30=30$
こたえ 30ぱこ

2 しき $50-40=10$
こたえ 10本

3 しき $70-20=50$
こたえ 50だい

4 しき $100-10=90$
こたえ 90人

89ページ

れんしゅうもんだい

1 しき $100-80=20$
こたえ 20円

2 しき $70-10=60$
こたえ うんこ，60こ

3 しき $60-20=40$
こたえ 40わ

4 しき $40-10=30$
こたえ 30こ

22 大きい　かずの　ひきざん 3

90・91ページ

1 しき $38-5=33$
こたえ 33人

スーパーうんこもんだい う

2 しき $33-3=30$
こたえ 30人

92ページ

かくにんもんだい

1 しき $28-6=22$
こたえ 22人

2 しき $34-3=31$
こたえ 31人

3 しき $49-4=45$
こたえ 45人

4 しき $88-8=80$
こたえ 80人

93ページ

れんしゅうもんだい

1 しき 26－5＝21
こたえ 21こ

2 しき 58－4＝54
こたえ 54さつ

3 しき 89－7＝82
こたえ 82こ

4 しき 74－4＝70
こたえ 70こ

23 いくつかな 1

94・95ページ

1 しき 2＋5＝7
こたえ 7人

2 しき 7－4＝3
こたえ 3人

96ページ

かくにんもんだい

1 しき 2＋6＝8
こたえ 8人

2 しき 5＋8＝13
こたえ 13人

3 しき 13－6＝7
こたえ 7ひき

97ページ

れんしゅうもんだい

1 しき 3＋6＝9
こたえ 9こ

2 しき 15－9＝6
こたえ 6こ

3 しき 12－7＝5
こたえ 5人

24 いくつかな 2

98・99ページ

1 5，3

2 しき 5－3＝2
こたえ 2人

スーパーうんこもんだい

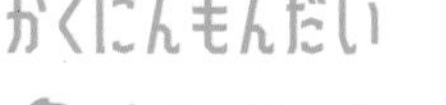

100ページ

かくにんもんだい

1 しき 7－2＝5
こたえ 5人

2 しき 9－8＝1
こたえ 1人

3 しき 6－4＝2
こたえ 2人

101ページ

れんしゅうもんだい

1 しき 8－2＝6
こたえ 6人

2 しき 8－6＝2
こたえ 2本

3 しき 4＋3＝7
こたえ 7こ

25 いくつかな 3

102・103ページ

1 13， 4

2 しき 13－4＝9
こたえ 9かい

スーパーうんこもんだい ㋒

れんしゅうもんだい

105ページ

1 しき 7＋11＝18
こたえ 18かい

2 しき 4＋5＝9
こたえ 9かい

3 しき 13－6＝7
こたえ 7まい

まとめテスト

106～108ページ

1 しき 5＋3＝8
こたえ 8人

2 しき 9－6＝3
こたえ 3こ

3 しき 15－5＋8＝18
こたえ 18さつ

4 しき 4＋8＝12
こたえ 12だい

5 しき 14－5＝9
こたえ 9まい

6 しき 70－30＝40
こたえ 40こ

7 しき 31＋5＝36
こたえ 36こ

8 しき 95－5＝90
こたえ 90円

9 しき 8＋2＝10
こたえ 10だい

10 しき 6＋3＝9
こたえ 9とう

けいさん
などで
じゆうに
つかおう！